河南省一流本科课程建设计划项目资助
安全工程国家级实验教学示范中心（河南理工大学）资助
河南省重点研发与推广专项项目（202102310222）资助

颗粒煤瓦斯扩散时效特性及机制研究

袁军伟／著

U0323870

中国矿业大学出版社

·徐州·

内 容 简 介

本书主要内容包括瓦斯扩散特性模拟实验平台搭建、颗粒煤瓦斯解吸规律实验研究、颗粒煤瓦斯扩散规律与影响因素研究、颗粒煤瓦斯扩散时效特性模型构建、颗粒煤瓦斯扩散时效特性模型的解算与验证、现场应用与效果考察等,所述内容具有前瞻性、先进性和实用性。

本书可供从事安全工程及相关专业的科研与工程技术人员参考使用。

图书在版编目(C I P)数据

颗粒煤瓦斯扩散时效特性及机制研究/袁军伟著
. —徐州:中国矿业大学出版社,2020.9
ISBN 978 - 7 - 5646 - 2347 - 0

Ⅰ.①颗… Ⅱ.①袁… Ⅲ.①瓦斯渗透—研究 Ⅳ.
①TD712

中国版本图书馆 CIP 数据核字(2019)第 247323 号

书　　名	颗粒煤瓦斯扩散时效特性及机制研究
著　　者	袁军伟
责任编辑	王美柱
出版发行	中国矿业大学出版社有限责任公司
	(江苏省徐州市解放南路　邮编221008)
营销热线	(0516)83884103　83885105
出版服务	(0516)83995789　83884920
网　　址	http://www.cumtp.com　**E-mail**:cumtpvip@cumtp.com
印　　刷	江苏淮阴新华印务有限公司
开　　本	787 mm×1092 mm　1/16　**印张** 6.75　**字数** 168 千字
版次印次	2020 年 9 月第 1 版　2020 年 9 月第 1 次印刷
定　　价	40.00 元

(图书出现印装质量问题,本社负责调换)

前　言

　　煤层瓦斯是煤矿重要致灾因素。煤矿发生的瓦斯突出、瓦斯爆炸、瓦斯窒息等事故,造成众多人员伤亡和重大财产损失,也带来恶劣的社会影响。另外,作为煤层瓦斯主要成分的甲烷也是一种温室气体,其温室效应是 CO_2 的 $20\sim24$ 倍,大量排空瓦斯造成了严重的环境污染。但煤层瓦斯(煤层气)也是一种新型清洁能源,其规模化开采和利用对解决我国能源短缺问题和调整能源结构大有裨益。

　　矿井瓦斯灾害治理和煤层气规模化开采与利用,都离不开煤层瓦斯含量这一基础参数。在矿井设计及生产过程中,矿井瓦斯涌出量预测、通风设计、瓦斯抽采设计、工作面瓦斯抽采达标评判等工作,均以煤层瓦斯含量这一基础参数为依据。在煤与瓦斯突出危险性预测方面,煤层瓦斯含量作为突出预测的主要指标之一,写进了《防治煤与瓦斯突出细则》中,但在实际生产过程中,瓦斯含量测值不准确、"低指标突出"等现象仍时有发生。在煤层气规模化开采与利用过程中,煤层气储量、资源量、资源丰度计算等工作,也必须利用煤层瓦斯含量这一基础参数;但瓦斯含量测值不准确导致采气井设计不合理、无法实现规模化开采,造成资源浪费、投资无法收回等状况频发。

　　我国煤矿实际生产过程中瓦斯含量测定广泛采用井下直接测定法,该方法是在地勘解吸法基础上发展而来的。在进行瓦斯含量测定和计算过程中,直接测定法以巴雷尔式为理论基础,认为煤体瓦斯解吸过程中其扩散系数为定值。这导致该方法对破坏程度较高、瓦斯含量(压力)较大的煤体的计算误差非常大,从而给矿井安全生产埋下隐患,也非常不利于煤层气的开采与利用。

　　基于现有瓦斯含量测定方法存在的弊端,笔者通过实验研究了颗粒煤瓦斯扩散规律与影响因素,分析了定扩散系数在瓦斯含量测定中存在的问题,确立了颗粒煤瓦斯扩散系数随解吸时间变化的时效特性及机制,构建了颗粒煤瓦斯扩散时效特性模型,并对该模型进行了数值解算和实验室及现场验证。研究成果修正了现有瓦斯含量测定方法,提高了煤层瓦斯含量测值精度,有利于煤矿安全生产及煤层气规模化开采与利用。

　　笔者在撰写本书过程中借鉴和参考了国内外同行的相关研究成果及有益经验,应用了相关学者的部分文献和研究结论,在此表示由衷的感谢!

　　由于笔者水平所限,书中难免存在不妥之处,敬请读者批评指正!

著　者

2020 年 5 月于河南理工大学

目　　录

1 绪 论

1.1 研究目的与意义

我国是原煤产量和消费量最大的国家。2018 年我国原煤产量高达 36.8 亿吨,占全世界产量的 45% 以上;同年的原煤消费量达到 38.23 亿吨,占全世界消费量的 45% 以上。短期内我国煤炭市场供需形势还是难以改变的。我国"多煤、少油、缺气"的能源现状决定了在未来相当长一段时间内,煤炭仍将是我国最主要的一次能源。能源是一个国家持续发展源源不断的动力。随着我国经济的快速发展,对能源的需求持续增加。尽管石油、天然气、核能等能源的比重有所增加,但十多年来我国原煤产量仍持续快速增长(见图 1-1)。据权威部门研究,预计到 21 世纪中叶,煤炭在我国能源消费结构中的比重仍将达到 50%,我国的煤炭消费量将占全球煤炭消费量的 53%。因此,从能源结构、能源消费结构及国家战略规划来看,在今后相当长的一段时间内,煤炭仍将占据我国能源生产和消费的主导地位。

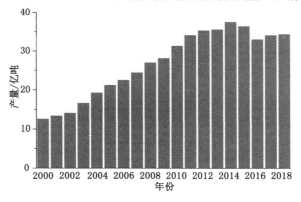

图 1-1 2000—2018 年我国煤炭产量

我国也是煤矿灾害较为严重的国家,瓦斯、顶板、水、煤尘、火等灾害事故屡屡发生,给国家的形象、煤矿的发展及矿工的人身安全带来极大的危害。随着科技的进步及煤矿安全经费的投入,我国煤矿安全生产工作取得了长足进展,并于 2009 年百万吨死亡率首次降到 1 以下。但我国煤矿安全生产形势仍不容乐观,各种事故仍时有发生。

在煤矿各种事故中,瓦斯事故尤为突出。煤矿瓦斯事故频发与我国煤矿基本条件恶劣密不可分。我国煤矿开采深度大,目前中型及以上矿井平均开采深度已超过 650 m,且以 8~12 m/a 的速度增加;部分矿井开采深度已超 800 m,且已有一批垂深超过 1 200 m 的深矿井。煤矿开采条件随着开采深度的增加逐渐恶化。随着采深的增加,煤层瓦斯压力、瓦斯含量增大,高瓦斯矿井每年约增加 4%,突出矿井每年约增加 3%,煤矿安全生产形势将更加严峻。

根据 2012 年我国 12 281 处矿井的瓦斯等级鉴定结果,突出矿井有 1 191 处,占总数的 9.7%,高瓦斯矿井有 2 093 处,占 17.0%,低瓦斯矿井有 8 997 处,占 73.3%。基于我国煤矿安全生产的严峻形势和发展趋势,国家相关部门及时出台了《煤矿瓦斯抽采达标暂行规定》《防治煤与瓦斯突出细则》等一系列的规程、规定,提出了"先抽后采、监测监控、以风定产"的瓦斯治理总体方针,建立了"通风可靠、抽采达标、监控有效、管理到位"的瓦斯综合治理工作体系,有效抑制了煤矿瓦斯事故的发生。尽管如此,瓦斯突出、瓦斯爆炸等群死群伤的恶性煤矿事故仍时有发生。为此,《国家中长期科学和技术发展规划纲要(2006—2020年)》和《煤炭工业发展"十二五"规划》将"煤与瓦斯突出防治技术"等瓦斯灾害防治工作列为重点研究的内容。

作为煤层瓦斯主要成分的甲烷也是一种温室气体,其温室效应是 CO_2 的 20~24 倍。甲烷的温室效应在全球气候变暖中的份额仅次于 CO_2。

因此,无论从瓦斯灾害角度还是从环境危害角度出发,瓦斯灾害防治工作将一直是煤矿安全工作及环境治理工作的重点。瓦斯灾害防治与瓦斯资源利用工作任重而道远。

在煤矿各种瓦斯灾害中,瓦斯突出、瓦斯喷出等动力灾害尤为严重。由此导致的瓦斯爆炸、瓦斯燃烧、瓦斯窒息等次生灾害,会对矿工的人身安全和矿井安全生产构成重大威胁,给企业造成巨大的经济损失。大量的人员伤亡,也会造成十分恶劣的社会影响。

矿井瓦斯治理和瓦斯规模化开采与利用,必须以瓦斯基本参数为基础,制定切实可行的措施,方可达到应有的效果。

为有效治理瓦斯灾害及规模化开采与利用瓦斯资源,应掌握瓦斯含量这一最基本的参数,故瓦斯含量测定工作必不可少。矿井瓦斯涌出量预测、通风设计、瓦斯抽采设计等工作无不以煤层瓦斯含量测值为基础。但在实际生产过程中,瓦斯含量测值不准确、"低指标突出"等现象仍时有发生。所谓的"低指标突出"现象只是一种瓦斯含量测值偏低造成的假象,主要是煤体瓦斯解吸速度快、衰减快等导致煤层瓦斯含量测值严重偏低。该现象会造成对煤层突出危险性的误判,并最终导致瓦斯突出事故的发生,从而给矿井造成严重的损失。在煤层瓦斯作为新型清洁能源规模化开采过程中,瓦斯含量测值直接影响后期瓦斯资源产出量和企业效益。因此,瓦斯含量测定工作是瓦斯防治和瓦斯利用的基础性工作。

我国煤层瓦斯含量测定技术研究始于 20 世纪 50 年代后期。我国煤矿实际生产过程中广泛采用的煤层瓦斯含量测定方法是井下直接测定法,该方法是在地勘解吸法基础上发展而来的,在我国煤矿本煤层、邻近层瓦斯含量测定中被广为采用。采用该方法测定煤层瓦斯含量时,先施工煤层钻孔采集煤样,测定所采集煤样在不同时刻的瓦斯解吸量,研究煤样在采集过程中的瓦斯解吸规律,并据此推算煤样采集过程中漏失瓦斯量,然后送实验室测定煤样残存瓦斯量和煤样质量,最后根据漏失瓦斯量、解吸瓦斯量、残存瓦斯量和煤样质量计算煤层瓦斯含量。

我国现行的煤层瓦斯含量井下直接测定法,采用如下方法和假设推算煤样采集过程中的漏失瓦斯量:① 煤样的瓦斯解吸从煤体暴露时开始;② 煤样采集过程中的漏失瓦斯量按 $Q-\sqrt{t}$ 规律推算。与地勘解吸法一样,煤层瓦斯含量井下直接测定法也存在煤样采集过程中漏失瓦斯量补偿方面的问题:当煤体破坏程度较低、瓦斯含量(压力)较小时,采用 $Q-\sqrt{t}$ 规律推算的漏失瓦斯量与实际较为接近。而当煤体破坏程度较高、瓦斯含量(压力)较大时,尤其是破坏类型为Ⅲ至Ⅴ类的构造煤,初始暴露阶段瓦斯解吸速度非常快,且解吸速度衰减得也较快,瓦斯解吸后期的解吸速度大幅度减小;若根据孔口取样暴露较长时间后解吸速度较慢的瓦斯解吸数据,套用 Q-$\sqrt{t}$ 规律推算采样过程中的漏失瓦斯量,则煤层瓦斯含量测值严重偏低,必然造成非常大的误差。换言之,如果用直线回归法求取漏失瓦斯量,当逸散时间很长时结果会偏低;而当逸散时间很短时,如果选取的含量测点很少,结果可能会偏高。笔者曾对淮南矿业(集团)有限责任公司某矿 8 号煤层进行了模拟测试,测试结果表明:在煤体初始暴露的前 3 min 内,漏失瓦斯量约占瓦斯含量的 40%,而根据现场测定数据推算出的漏失瓦斯量仅占瓦斯含量的 10%～20%,煤层瓦斯含量测值严重偏低。这就使得本来具有突出危险性的煤体,采用瓦斯含量作为预测指标进行区域预测后,反而得出该煤体具有非突出危险性的结论,易造成"低指标突出"的假象,从而为瓦斯突出等事故的发生埋下根源性的隐患。

同样道理,在开采破坏程度较高、瓦斯含量(压力)较大的煤层瓦斯(煤层气)过程中,测定煤层瓦斯含量时较大的误差,易导致煤层瓦斯资源量评估不准确、瓦斯抽采设计不当等问题,从而造成煤层瓦斯开采过程中的资源浪费、资金浪费等问题。煤层气工程中出现的开采后验证的实际资源量高于勘探资源量的异常情况,很大程度上就是煤层瓦斯(煤层气)开采前期工作中的瓦斯含量测值不准确所致。

在实际生产及理论研究过程中,煤层瓦斯含量的直接测定、煤与瓦斯突出发生后破碎煤体的大量瓦斯涌出、突出鉴定指标 Δp(瓦斯放散初速度)的测定、落煤瓦斯涌出、煤层气资源量计算等皆涉及颗粒煤瓦斯扩散的问题。现有研究已证明,瓦斯扩散控制着颗粒煤瓦斯解吸规律。

对于破坏程度较高、瓦斯含量(压力)较高的煤体,人们对采用 Q-$\sqrt{t}$ 规律推算得到的漏失瓦斯量及煤层瓦斯含量还存在诸多疑问:在瓦斯解吸过程中,颗粒煤瓦斯扩散系数是如何变化的,符合什么规律?瓦斯扩散系数的变化与哪些因素有关?能否根据颗粒煤瓦斯扩散系数变化规律建立瓦斯扩散新模型,从而更准确地推算漏失瓦斯量,进而提高瓦斯含量测值的精度。

本书通过研究颗粒煤瓦斯扩散规律与机理,探讨颗粒煤瓦斯扩散系数随时间变化的时效特性,构建颗粒煤瓦斯扩散新模型,修正瓦斯含量测定方法,提高煤层瓦斯含量测值精度,为矿井瓦斯灾害防治、煤层瓦斯规模化开采提供精准的基础数据,为瓦斯含量的准确测定提供理论基础和应用依据,以确保矿井安全开采。

1.2 瓦斯扩散及流动特性国内外研究现状

1.2.1 煤的瓦斯解吸规律研究现状

煤是一种复杂的裂隙-孔隙双重多孔介质。瓦斯在煤体(粒)内的流动是一种复杂的扩散-渗流过程。国内外学者对煤层和煤粒内瓦斯的流动规律进行了大量的实验和理论研究,提出了比较有代表性的七类公式(见表 1-1),即巴雷尔式、文特式、乌斯基诺夫式、博特式、王佑安式、指数式、孙重旭式,这七类公式通过瓦斯解吸量和瓦斯解吸速度描述瓦斯解吸过程。

表 1-1 煤的瓦斯解吸规律模型表

公式名称	累计瓦斯解吸量	瓦斯解吸速度	使用条件
巴雷尔式	$\dfrac{Q_t}{Q_\infty} = \dfrac{2S}{V}\sqrt{\dfrac{Dt}{\pi}} = k\sqrt{t}$	$v_t = \dfrac{S}{V}\sqrt{\dfrac{\pi}{Dt}}$	$0 \leqslant \sqrt{t} \leqslant \dfrac{V}{2S}\sqrt{\dfrac{\pi}{D}}$
文特式	$Q_t = \dfrac{v_1}{1-k_t}t^{1-k_t}$	$v_t = v_{t_a}\left(\dfrac{t}{t_a}\right)^{-k_t}$	$0 < k_t < 1$
乌斯基诺夫式	$Q_t = v_0\left[\dfrac{(1+t)^{-n}-1}{1-n}\right]$	$v_t = v_0(1+t)^{-n}$	$0 < n < 1$
博特式	$\dfrac{Q_t}{Q_\infty} = 1 - Ae^{-\lambda t}$	$v_t = \lambda A Q_\infty e^{-\lambda t}$	
王佑安式	$Q_t = \dfrac{ABt}{1+Bt}$	$v_t = \dfrac{AB}{(1+Bt)^2}$	
指数式	$Q_t = \dfrac{v_0}{b}(1-e^{-bt})$	$v_t = v_0 e^{-bt}$	
孙重旭式	$Q_t = at^i$	$v_t = iat^{i-1}$	

注：Q_t—从煤样暴露到时间 t 时的累计瓦斯解吸量，cm^3/g；Q_∞—极限瓦斯解吸量，cm^3/g；V—单位质量煤样的体积，cm^3/g；S—单位质量煤样的外表面积，cm^2/g；t—解吸时间，min；v_0—初始时刻的煤样瓦斯解吸速度，$cm^3/(g\cdot min)$；v_t—t 时刻的煤样瓦斯解吸速度，$cm^3/(min\cdot g)$；v_1—$t=1\ min$ 时刻的煤样瓦斯解吸速度，$cm^3/(min\cdot g)$；v_{t_a}—t_a 时刻的煤样瓦斯解吸速度，$cm^3/(min\cdot g)$；D—扩散系数，cm^2/s；k_t—煤样瓦斯解吸速度变化特征指数；n—取决于煤质的系数；A,B，λ—经验常数；b—吸附常数，MPa^{-1}；a—吸附常数，cm^3/g。

这些公式可分为两大类：① 指数函数式（指数式和博特式）；② 幂函数式（巴雷尔式、文特式、乌斯基诺夫式、王佑安式、孙重旭式）。

然而，国内外对瓦斯解吸及扩散规律的研究成果，大多是在特定条件下得出的经验或半经验公式，有一定的局限性。且大多数研究者对经验公式的探讨仅限于实验室条件下，而实验室与井下实际条件有诸多不同之处。对于破坏程度较低、瓦斯含量较小的煤体，现有瓦斯解吸规律和模型尚能满足要求；但对于破坏程度较高、瓦斯含量较大的煤体，应用现有瓦斯解吸规律得出的理论计算值与实际测定值存在较大的误差。

1.2.2 瓦斯渗流及扩散机理研究现状

探讨瓦斯解吸及扩散机理，是揭示煤层（粒）内瓦斯流动规律的基础工作，对于煤层的瓦斯含量及采落煤的瓦斯涌出量计算、瓦斯突出预测、瓦斯抽采参数确定等都有重要意义。

国内外学者对煤粒中瓦斯解吸及扩散过程进行了大量研究。煤是一种复杂的裂隙-孔隙双重多孔介质，是天然的吸附剂，内部孔隙、裂隙极其发育，煤粒内部同时存在沿孔隙流动的扩散场和沿裂隙流动的渗流场。在裂隙和大的渗流孔隙内，瓦斯流动的方式为渗流，渗流的驱动力是瓦斯气体的压力梯度；在微孔及过渡孔（吸附孔隙）内与渗流孔隙内的瓦斯处于动态平衡状态，该平衡状态是通过扩散来实现的，扩散的驱动力是瓦斯气体的浓度梯度。瓦斯在煤层内的运移分为三个阶段：① 在瓦斯气体压力梯度下，瓦斯在孔隙、裂隙内自由运动，其运动规律可用达西(Darcy)定律描述；② 在瓦斯气体浓度梯度作用下，瓦斯通过孔隙向大孔、裂隙扩散，其扩散规律可用菲克(Fick)扩散定律描述；③ 瓦斯气体从煤的内表面放散出来,进入微孔、裂隙。里夫斯(S. Reeves)等针对低煤阶煤提出三孔双渗理论,认为低煤阶煤基质孔隙较大,放散气体在孔隙与煤层割理-裂隙系统中的流动均满足达西定律。

大多数学者认为煤层中瓦斯解吸过程为解吸-扩散-渗流过程,而认为煤粒中瓦斯放散过程是解吸-扩散过程。

聂百胜等通过研究煤体内孔隙平均直径与瓦斯分子自由程的关系,认为煤体内瓦斯扩散形式有菲克(Fick)型扩散、克努森(Knudsen)型扩散、过渡型扩散,各种扩散形式并存,但由于孔隙分布不均衡,控制扩散的主要方式有所不同。而且认为在微孔隙极其发育的煤层中以克努森型扩散为主,在过渡孔和中孔比较发育的煤层中以过渡型扩散为主。同时认为要想更准确地分析瓦斯在煤层中的运移特征,还应该考虑表面扩散和晶体扩散。闫宝珍等将煤层气在煤层中的扩散分为气相扩散、吸附相扩散、溶解相扩散和固溶体扩散。富向等研究认为,不能单纯地认为煤层及煤粒中瓦斯解吸是扩散或渗流过程,而是两个过程共同构成瓦斯放散过程。同时指出:在孔径小于 10^{-7} m 的孔隙中,瓦斯运移取决于瓦斯的浓度梯度,而与压力梯度无关;当煤粒粒径小于极限粒径时,对瓦斯运移起主导作用的因素是煤粒中的孔隙结构,即扩散决定煤粒瓦斯放散速度,瓦斯解吸规律可以采用菲克扩散定律描述。桑树勋等认为扩散对煤吸附气体的动力学过程有重要控制作用。王佑安等认为控制煤屑瓦斯放散的主要作用环节是甲烷分子的扩散运动,小孔隙越多,扩散运动越显著,其规律符合球向非稳定流场的菲克扩散方程。张飞燕等认为控制煤粒瓦斯涌出的主要环节是较小孔隙中的瓦斯扩散运动,而且微孔隙越多,扩散运动越显著,并通过分离变量法对瓦斯放散模型进行了解算。

国内外学者对颗粒煤瓦斯渗流及扩散机理进行了大量的研究,但对于瓦斯解吸过程众说纷纭,这也在一定程度上导致了各种瓦斯解吸(扩散)模型不能很好地描述瓦斯解吸过程。

1.2.3 瓦斯扩散理论模型研究现状

国内外众多学者根据研究需要,在煤层瓦斯渗流领域提出了线性渗流(扩散)理论和非线性渗流(扩散)理论。目前,描述瓦斯扩散过程的模型主要包括单一孔隙扩散模型、双孔隙扩散模型等。

单一孔隙扩散模型将煤体简化为单一孔隙系统,应用简便,因此得到广泛应用;但由于煤体孔隙的复杂性,该模型在应用时与实际情况有一定的误差。双孔隙扩散模型将煤孔隙视为微孔隙和大孔隙的双重孔隙结构,在此基础上,该模型又细分为平行孔模型和随机孔模型。平行孔模型认为气体分子在微孔及大孔内并行扩散,且两种扩散保持平衡。易俊等根据平行孔模型,对煤粒中瓦斯扩散过程进行了研究。但也有学者认为平行孔模型存在假设错误的问题,与实际情况相悖。随机孔模型以质量守恒为基础,认为煤颗粒由相同的微煤颗粒组成,微煤颗粒间的孔隙为大孔,微煤颗粒内部的孔隙为微孔,瓦斯从微孔扩散运移进入大孔,从大孔运移到煤颗粒表面。比米什(B. B. Beamish)通过实验证明,双孔隙扩散模型比单一孔隙扩散模型更适合描述煤粒中的瓦斯扩散过程。

刘明举认为部分学者在幂定律基础上推导的数学模型存在错误,并给出了修正后的模型。聂百胜等通过研究煤中瓦斯扩散模型,建立了第三类边界条件下的颗粒煤瓦斯扩散的理论模型,并求出了其解析解,计算了煤粒的瓦斯扩散参数。该理论模型包含第一类边界条件下的扩散模型,因此应用更广泛。李斌通过研究煤层气非平衡的数学模型,建立了描述裂缝中气、水两相渗流及微孔隙中非平衡吸附气体解吸扩散过程的数学模型,在考虑单井径向流模型、垂直压裂模型及虚拟三维多井模型的基础上,给出了相应的有限差分数值模型。许广明等根据非平衡模型建立了瓦斯数值模拟的耦合模型,应用表明,非平衡吸附模型能够充分体现煤层气藏双重介质的性质及瓦斯解吸后从微孔向裂缝扩散的时空过程,克服了平衡态模型把煤体作为单孔隙介质、将微孔中瓦斯浓度只看作裂缝中压力的函数而与时间无关的弱点。秦跃平等根据达西定律建立了煤粒瓦斯解吸的数学模型,运用有限差分法解算该数学模型,得到了煤粒内部瓦斯压力变化特征及煤粒内不同压力条件下的累计瓦斯解吸量,认为瓦斯从煤粒中解吸的过程符合达西定律。孙培德应用量纲分析理论,以达西定律和连续性方程为基础,研究和探讨了煤层瓦斯动力学模型,并据此修正了煤层瓦斯流场的动力学模型。吴世跃等在瓦斯扩散理论模型研究方面也进行了大量的工作。

1.2.4　瓦斯解吸及扩散影响因素研究现状

国内外学者对影响煤中瓦斯解吸及扩散的因素进行了大量的理论探讨和实验室研究工作。这些影响因素主要包括:瓦斯吸附平衡压力、煤样粒径、煤的破坏类型、温度、煤的孔隙结构、煤样水分、煤变质程度等。

(1) 瓦斯吸附平衡压力

关于吸附平衡压力对瓦斯解吸的影响,多数学者认为吸附平衡压力越大,初始有效扩散系数越大,瓦斯解吸率也越大;随吸附平衡压力的增加,煤体暴露初始时刻瓦斯解吸速度较快、解吸量较大,最后解吸趋于平衡的时间也越长。

杨其銮通过对红卫、北票等矿井煤样的研究发现,瓦斯吸附平衡压力越大,瓦斯解吸速度越大,而瓦斯吸附平衡压力对瓦斯扩散系数的影响不大。林柏泉等研究认为,瓦斯吸附平衡压力越大,煤体透气性越低,越不利于瓦斯的解吸。钟玲文等研究认为:在温度和压力的共同作用下,在较低温度和压力区间,瓦斯吸附平衡压力对煤样吸附能力的影响大于温度的影响;而在较高温度和压力区间,温度对煤样吸附能力的影响大于瓦斯吸附平衡压力的影响。雅纳斯、卢平、王兆丰等认为瓦斯解吸速度与吸附平衡压力具有幂函数关系,但他们所建立的关系式不一致。

关于吸附平衡压力对瓦斯扩散系数的影响,目前没有权威和统一的说法。南迪(S. P. Nandi)等研究认为瓦斯扩散系数随吸附平衡压力增大而增大,这主要是瓦斯等温非线性吸附所致。日本学者渡边伊温等通过实验研究认为,煤粒的瓦斯扩散系数随瓦斯吸附平衡压力的升高略有增大,但影响程度有限。

(2) 煤样粒径

周世宁等通过实验研究认为,煤样粒径越小,在同一时间段内解吸的瓦斯量越大,达到极限瓦斯解吸量的时间越短,且认为不同粒径煤样的极限瓦斯解吸量是相同的。一部分研究者认为,无论粒径大小,煤样瓦斯解吸量随时间的延长而增加,粒径对瓦斯解吸量的影响存在极限值,当煤样粒径超过极限粒径后,粒径的增加对瓦斯解吸量将无影响,并认为"回归极限瓦斯解吸量"总小于"理论极限瓦斯解吸量"。渡边伊温认为在相同的吸附平衡压力下,极限瓦斯解吸量随着粒径发生变化,并认为越是突出严重的煤体,其初始瓦斯解吸量(速度)受粒径的影响越小。聂百胜等通过实验证明,粒径越大,煤样的初始有效扩散系数越大,而动力学扩散参数越小,相同解吸时间段内的瓦斯解吸量越小。魏建平等通过对构造煤的吸附/解吸实验研究认为,当构造煤的粒径小于极限粒径时,粒径对构造煤的瓦斯放散过程的影响与对硬煤的影响相似:随着煤样粒径的增大,煤样瓦斯放散初速度减小,但存在一个极限值;瓦斯放散初速度和放散总量随时间变化受粒径影响的幅度相对较小。许江等通过计算孔隙的分形维数认为,随着型煤颗粒粒径的减小,型煤中的孔隙半径将随之减小,但未对颗粒煤中的孔径分形情况进行研究。李一波等通过实验证明,瓦斯放散初速度具有与煤样粒径呈对数函数关系的变化规律。

（3）煤的破坏类型

在漫长的成煤过程中,煤层因地质构造运动的抬升和沉降而受到破坏,在构造应力的作用下产生了不同程度的破坏,并由此形成了构造煤。一定厚度的构造煤是发生煤与瓦斯突出的必要条件,究其原因,主要是构造煤具有特殊的瓦斯解吸和扩散特性。

对于煤体的破坏类型的分类,苏联学者依据煤体内部褶皱情况将煤体破坏类型分为非破坏煤、破坏煤、强烈破坏煤、粉碎煤和全粉煤5类。我国现行的《煤与瓦斯突出矿井鉴定规范》(AQ 1024—2006)也以煤体内部褶皱情况为基础将煤体破坏类型划分为5类。在对煤体破坏类型研究过程中,河南理工大学有关学者以煤体突出的难易程度为依据提出了4类型的分类方法。姜波等根据构造煤特征及形成时的环境将煤的破坏类型细分为7种类型。琚宜文等在此基础上,根据构造煤的成因、结构等将构造煤的破坏类型分为10类。

富向等通过对不同破坏类型煤样瓦斯解吸进行实验,并结合数值模拟,认为构造煤在应力降低或者解除时,瓦斯的运移规律用菲克定律表征比达西定律更为合理;构造煤第一分钟的瓦斯解吸速度规律更符合文特式,且第一秒时的瓦斯解吸速度及其衰减系数等参数与非构造煤均存在很大差异,并间接证明了煤体瓦斯放散初速度越大,与文特式的相关性越高,说明文特式较适合描述解吸量大的突出煤层,文特式用于研究瓦斯突出过程中的瓦斯作用机理及瓦斯运移规律更为恰当。鲜学福等通过研究破坏煤体的微观结构,提出了破坏煤体瓦斯解吸的三参数模型。杨其銮等认为:煤的破坏类型越高,初始瓦斯解吸速度越大,扩散系数越大,受粒径影响越小;均质扩散模型用于描述破坏类型较低煤的瓦斯解吸过程较为理想,而用于描述破坏强烈的软煤误差较大。陈向军通过实验认为,孙重旭式和博特式能够在累计瓦斯解吸量方面较好地描述强烈破坏煤的瓦斯解吸规律。温志辉提出采用巴雷尔式加上第一分钟解吸量计算瓦斯含量的方法。周少华通过实验证明,煤层瓦斯含量随煤体破坏类型的提高而增加。以上结论大多是基于实验室研究得到的,由于实验条件、实验手段等的差异,对不同破坏类型煤体的瓦斯解吸规律,尤其是破坏类型对扩散系数的影响研究得不够深入。

（4）温度

关于温度对瓦斯吸附/解吸的影响,国内外学者进行了大量的研究,目前的研究总体上集中在两个方面:① 吸附/解吸过程中煤体温度的变化;② 温度对吸附/解吸过程的影响。

郭立稳等通过实验证明,煤体吸附瓦斯的过程是放热过程,且煤体吸附不同数量的瓦斯时放出的热量不同,对于同一种煤样,吸附平衡压力越大,即瓦斯吸附量越大,吸附过程中放出的热量越多。李宏通过实验证明,随着解吸温度的升高,相同时间内煤样的累计瓦斯解吸量及其增量都相应增大,瓦斯解吸速度也随之增大;并认为巴雷尔式最适合描述颗粒煤在不同解吸温度条件下初始阶段的瓦斯解吸规律。蒋承林等通过对不同温度下的煤样进行瓦斯解吸实验研究,认为瓦斯放散初速度和温度差值存在着二次函数关系,得到了温度越高瓦斯放散初速度越小的结论。部分学者对煤体破裂及突出过程中温度的变化情况进行了实验和理论研究。

何满潮等通过对煤样进行单轴应力-温度耦合作用下的吸附瓦斯运移过程实验,证实温度升高是诱发煤样中吸附瓦斯大量解吸的因素之一。聂百胜等通过吸附/解吸实验认为,温度越高,初始有效扩散系数和扩散动力学参数越大。李志强等通过同压不同温度初始条件下的恒温煤粒瓦斯扩散实验认为,不同温度条件下的煤体扩散系数随温度升高呈先升后降的特征。林柏泉等通过实验研究认为,温度对煤体的瓦斯吸附量影响显著,温度越低,煤体的瓦斯吸附量越大,且温度变化引起瓦斯吸附量的变化主要体现在吸附常数 b 值上。易俊等认为煤样的渗透率随温度的升高而增加,并建立了相应的模拟方程。梁冰等通过研究建立了非等温情况下煤与瓦斯耦合作用的数学模型,且给出了该模型的数值解法。

(5) 煤的孔隙结构

煤的孔隙结构与煤的瓦斯吸附及解吸特性关系密切,煤的孔隙和裂隙特征对于研究瓦斯在煤中的赋存状态和运移特性具有重要意义。国内外学者对煤体孔隙的分类和成因、结构及结构与瓦斯解吸特性的关系等进行了大量研究。

测定孔隙结构一般采用低温液氮法、压汞法、扫描电镜法等。国际纯粹与应用化学联合会(International Union of Pure and Applied Chemistry,IUPAC)(1982)按照孔径的大小将煤的孔隙划分为微孔(孔径<2 nm)、过渡孔(孔径为 $2\sim50$ nm)和大孔(孔径>50 nm)。B. B. 霍多特根据煤的力学和渗透特性,将煤的孔隙分为:微孔(孔隙直径小于 0.01 μm,是瓦斯的吸附空间)、过渡孔(孔隙直径 $0.01\sim0.1$ μm,是瓦斯的毛细凝结和扩散区域)、中孔(孔隙直径为 $0.1\sim1.0$ μm,是瓦斯的缓慢层流渗透区域)、大孔(孔隙直径为 $1.0\sim100$ μm,是瓦斯的强烈层流渗透区域,为结构高度破坏煤的破碎面)、肉眼可见的孔隙和直径大于100 μm的裂隙(是层流和紊流渗透同时存在的区域)。这种分类方法得到大多数学者的认可。甘(H. Gan)等根据压汞实验的结果,将煤中的孔隙分为微孔(孔径为 0.000 4$\sim$ 0.001 2 μm)、过渡孔(孔径 0.001 $2\sim0.03$ μm)和大孔(孔径 $0.03\sim2.96$ μm)。刘常洪根据甲烷与孔隙之间的关系及压汞曲线的形态将煤中的孔隙分为大孔(孔径>7.5 μm)、中孔(孔径为 $7.5\sim0.1$ μm)、过渡孔(孔径为 $0.1\sim0.01$ μm)和小孔(孔径<0.01 μm)。傅雪海等根据压汞实验结果,将煤中的孔隙分为扩散孔隙(孔径<0.065 μm)和渗流孔隙(孔径>0.065 μm)两大类。桑树勋等通过实验证明,煤中存在渗流孔隙、凝聚-吸附孔隙、吸附孔隙和吸收孔隙四种类型孔隙。李相臣等根据不同实验目的和条件,对煤中孔隙类型进行了分类。

国内外学者对煤中孔隙的成因进行了大量研究。郝琦按照孔隙的成因,将煤中的孔隙分为气孔、植物组织孔、溶蚀孔、矿物铸模孔、晶间孔和原生粒间孔。王生维等将煤中的孔隙分为基质孔隙、植物细胞残留孔隙和次生孔隙。张慧等将煤中的孔隙分为原生孔、后生孔、外生孔和矿物质孔等。朱兴珊依据扫描电镜观测结果,将煤中的孔隙分为溶蚀孔、层间孔和胶体收缩孔等。苏现波等对煤中孔隙的形成原因进行了研究。

陈瑞君等认为不同煤层具有不同的孔隙特性、孔隙体积和孔隙通道,孔隙结构特征是影响煤层瓦斯储存及运移的内在因素;通过实验证明了生烃性能好的煤样具有更多孔隙的特性;并将煤体孔隙类型分为开放型、过渡型和封闭型,它反映了瓦斯运移的难易程度,也在一定程度上反映出煤层瓦斯抽采和发生瓦斯突出灾害的难易程度。范俊佳等认为不同变质变形煤储层的孔隙结构具有以下特征:I类和II类煤储层,吸附孔占主导;III类煤储层,中孔、大孔增多,但有效孔隙相对较少,孔隙连通性变差;IV类煤储层,吸附孔较多,中孔、大孔数量中等,且煤储层内生裂隙发育,孔隙具有较好的连通性,渗透性明显变好;V类煤储层,吸附孔较少,中孔较发育,大孔不发育,有效孔隙少,孔隙连通性差。霍永忠认为孔隙结构决定了瓦斯气体压差在煤储层系统内的传递规律。郭晓华等通过探讨孔隙特征,研究了其与瓦斯突出的关系。

国内学者利用煤样孔隙的分形几何特性,对煤中孔隙的分形特性及孔隙分形特性对瓦斯运移的影响进行了大量研究。王恩元等研究表明,含有大量孔隙和裂隙的煤体是一种分形体,煤中的孔隙裂隙分布特征符合分形分布规律。郭立稳等通过一氧化碳(CO)的扩散实验研究认为:过渡孔和微孔是影响煤层中CO扩散的主控因素,过渡孔的增加有利于CO的扩散,而微孔的增加则不利于CO的扩散;CO的扩散量与煤中孔隙的比表面积呈二次曲线关系,随着比表面积的增加,CO的扩散量具有先减后增的趋势。秦跃平等利用压汞法测量了几种煤样的孔隙分布,分析了各煤样孔隙体积和表面积的分形规律和分形维数,以及两种分形维数的相关性。许江等认为,随着型煤颗粒粒径逐渐减小,型煤中的孔隙半径逐渐减小,总孔隙数逐渐增多,分形维数逐渐增大,孔隙发育程度逐渐增强,孔隙分布均匀程度逐渐增大。林柏泉等认为煤的孔隙结构具有很好的分形特征,并根据分形理论,提出了一种描述多孔介质孔隙空间分布的随机分形模型,在压汞实验的基础上,验证了该分形模型的正确性。王德明等采用分形几何理论对煤的孔隙特征与温度变化间的规律进行了研究,得出了煤体温度越高煤的孔隙结构越均匀的结论。

(6)煤样水分

众多学者针对水分对煤样瓦斯吸附/解吸特性的影响进行了大量研究。聂百胜等根据煤大分子和表面的结构特点,应用表面物理化学和分子热力学等理论,分析了煤表面自由能的特征和煤吸附水的微观机理。总体而言,目前有关水分对煤体瓦斯解吸影响研究的主要认识分为3类:① 水分对瓦斯解吸具有抑制作用;② 水分对瓦斯解吸具有促进作用;③ 水分对瓦斯解吸过程既有促进作用,也有抑制作用。

程远平等通过煤样在外加水分条件下的瓦斯解吸实验认为,水分具有抑制煤层瓦斯解吸的作用。郭红玉等通过实验证明,煤样渗透率随着含水率的增大而降低,渗透率越低的煤样对含水饱和度越敏感,并且从理论上解释了注水措施抑制瓦斯解吸的微观原因。牟俊惠等通过实验研究了不同含水率条件下瓦斯放散初速度的变化规律。肖知国认为,水分对煤样中瓦斯的解吸有阻碍作用,注水煤样的吸附瓦斯量和残存瓦斯量均大于干燥煤样,初始解吸速度随着水分含量的增加而降低,且衰减速度逐渐减慢。张国华等通过渗透剂溶液侵入对瓦斯解吸速度影响的实验认为,渗透剂溶液侵入能够降低煤样瓦斯解吸速度,水分对瓦斯解吸的阻碍作用随吸附平衡压力的降低而增加。张占存等通过水分对不同煤样瓦斯吸附特性影响的实验认为,对不同变质程度煤样而言,随煤样中水分含量的增加,煤样吸附瓦斯量均明显减小。朱伯特(J. I. Joubert)等研究表明,煤样吸附瓦斯的能力随水分含量的增加而降低,且当煤样水分含量超过临界水分含量时,煤吸附瓦斯的能力不再受水分影响。

段廉廉等通过对大煤样采用水力割缝措施的实验证明,水分在一定程度上促进了煤体瓦斯解吸。冯增朝等通过块煤含水率对瓦斯吸附特性影响的实验研究认为,煤样瓦斯吸附量与含水率之间具有线性关系,且两者关系与对粉煤的研究结果不同。黄丹等通过实验研究证明,在煤样未达到水分平衡之前,水分对高煤阶煤的吸附能力影响小,且受注水煤样中的液态水的影响甲烷吸附量增加。张时音等通过液态水对煤吸附甲烷性能影响的实验研究认为,存在储层条件下煤层中液态水对甲烷有显著影响,液态水可以使甲烷的吸附能力增强,吸附规律更符合朗缪尔模型,并对甲烷的吸附作用机理进行了分析。

（7）煤变质程度

煤变质程度是影响瓦斯的形成、赋存和运移的重要因素。对煤变质程度与解吸特性关系的探讨,有利于加深了解瓦斯解吸及扩散机理。唐书恒等认为,煤的孔隙率、孔隙结构和比表面积等参数均受煤变质程度的控制,且在烟煤与无烟煤的分界处发生明显变化。王文峰等通过两淮地区不同变质程度煤样的压汞实验得出,煤孔隙体积的分形维数随着煤变质程度的增高而减小,煤的渗透性随煤变质程度的增高而减弱。许江等认为,煤变质程度越高,则其孔隙越发育,煤的渗透率也越高,煤体的透气性亦越好。尹光志等对不同变质程度煤样进行了微观特性实验及瓦斯渗透特性对比实验,认为煤渗透特性受煤的微观结构控制。蒋承林等通过研究不同变质程度煤样与瓦斯放散初速度的关系,认为煤变质程度越高,瓦斯放散初速度越大。刘军等认为,煤的瓦斯放散初速度随煤的坚固性系数（f 值）的减小而增大,随煤变质程度的降低而减小。

（8）其他因素

除上述影响因素外,国内外众多学着对其他影响瓦斯解吸及扩散的因素进行了研究。徐龙君等进行了对煤样施加外加电场条件下瓦斯吸附特性的实验,实验结果表明:外加电场作用下煤吸附瓦斯的规律仍符合朗缪尔模型,恒电场使煤对瓦斯的吸附能力降低（主要是吸附常数 b 值减小）,但对瓦斯解吸动力学参数无明显影响。易俊等通过施加交变电磁场对煤吸附瓦斯的特性进行了实验研究。姜永东等对声场促进瓦斯解吸的机理进行了探讨,得到声场作用下瓦斯的解吸总量比不加声场作用时增加 20%～30% 的结论,证明声场的振动作用于煤体后,可促进煤体裂隙发育及煤体强度降低,对瓦斯解吸有一定的影响。李树刚等通过低频振动对煤样瓦斯吸附、解吸特性影响的研究认为,在低频振动作用下,振动频率与瓦斯解吸量和解吸速度呈反比关系。李祥春等通过研究振动与瓦斯突出内在机理的关系,认为在振动作用下,煤对瓦斯的吸附量有所减少,煤样吸附瓦斯能力降低。刘保县等通过研究地球物理场因素与煤吸附瓦斯特性的关系,认为地球物理场对煤吸附瓦斯特性有一定的影响。肖晓春等通过渗透率测定及 CT 测试实验,对超声波持续作用下煤样的裂隙发展规律进行了分析,证明了超声的机械震碎作用,且在声场衰减范围内,施加超声波作用后煤层的渗透率有 135%～169% 的提高。

1.2.5 瓦斯扩散系数研究现状

煤粒内瓦斯在扩散运移过程中,扩散的源动力来自煤粒瓦斯浓度梯度,而在整个解吸过程中瓦斯浓度是不断变化的,扩散系数与瓦斯浓度有很强的相关性,即扩散系数具有随时间而变化的时效特性。

在瓦斯解吸过程中,随着煤粒内瓦斯的解吸,煤体内孔隙率增加,从而可减小瓦斯在煤粒内扩散的阻力。因此,在瓦斯解吸过程中,扩散系数受瓦斯浓度变化的影响而不断变化。但目前关于煤中瓦斯解吸的研究,绝大多数学者将煤体（粒）瓦斯扩散系数作为定值。以广为应用的巴雷尔式为例,由于采用恒定的扩散系数,在进行瓦斯解吸量计算时,会造成瓦斯解吸量的计算值与实际值之间存在较大误差的问题。因此,煤体（粒）瓦斯扩散过程中的时效特性越来越引起广大学者的重视。

张力等认为块煤的累计瓦斯解吸量是由扩散量和渗流量组成的,而煤粒的瓦斯解吸量仅仅是瓦斯扩散量,煤粒的瓦斯解吸速度由瓦斯扩散速度控制。在煤样瓦斯解吸过程中,解吸速度是逐渐衰减的。这也旁证了煤粒瓦斯扩散系数是时刻变化的,即具有时效特性。刘中民等以恒定扩散系数为基础,引入不定函数描述与浓度相关的扩散过程,利用吸附曲线拟合计算不同时刻的瓦斯扩散系数,并对不定函数和扩散系数的物理意义进行了解释。认为从扩散系数随时间或扩散物质的量的变化可以获得更多有关分子运动行为的信息,进而以分子筛吸附体系为例验证了理论分析结果的正确性。李志强等通过对不同温度下煤粒瓦斯扩散特性实验的研究认为:相同初始条件下的等效扩散系数随温度升高呈指数关系增大,而不同初始温度条件下的恒温综合扩散系数随温度升高呈先增大后降低的变化趋势;当温度升高时,吸附量和温度对恒温综合扩散系数具有相反的影响;并在此基础上建立了温度影响下的理论扩散方程,数值模拟得出了不同温度下的全过程扩散特征。杨其銮根据煤样粒径、瓦斯吸附平衡压力等因素对煤粒瓦斯解吸规律影响的研究认为,用平均粒径计算的扩散系数随着粒径的增加而增大,而对于同种粒径的煤样,扩散系数随煤的破坏类型的增高而增大。刘彦伟等通过实验研究了不同变质程度煤样的瓦斯解吸量与环境温度的关系,得出了煤样瓦斯解吸量随温度变化的回归系数和修正方法,并查明了不同变质程度煤样的瓦斯扩散系数随温度变化的量化变化规律。

1.2.6　存在的问题

尽管国内外学者对瓦斯解吸、扩散规律等相关内容进行了大量研究,取得了丰硕的成果,但仍有如下问题需要进一步研究:

(1) 瓦斯扩散(解吸)模型存在缺陷。现有的瓦斯扩散(解吸)模型大多是经验或半经验公式,且以恒定瓦斯扩散系数进行建模和解算,与煤中瓦斯扩散实际过程不符,具有先天的局限性和缺陷。这也是造成瓦斯含量测值误差较大的原因之一。

(2) 对颗粒煤瓦斯扩散影响因素研究得不够全面、深入。尽管前人进行了研究,但大多是侧重某一方面因素进行的实验研究,没能将影响瓦斯扩散的众多因素统一考虑。这也是导致目前所建立的瓦斯扩散模型不能真实反映瓦斯扩散过程的另一重要原因。

(3) 测试手段需要进一步加强。现有的颗粒煤瓦斯扩散(解吸)测试大多采用玻璃管计量、人工读取不同时刻煤体瓦斯解吸量的方法,存在较大的人为误差,尤其对破坏程度较高的煤体在暴露初期的解吸量而言,误差更大。而恰恰是最初的瓦斯解吸数据在很大程度上影响着瓦斯解吸规律,并影响瓦斯含量测值的精度。

1.3　主要研究内容

根据颗粒煤瓦斯扩散(解吸)研究存在的问题,本书针对如下问题开展研究:

(1) 颗粒煤瓦斯扩散特性模拟实验平台的搭建

在现有的瓦斯吸附/解吸实验平台上,添加解吸瓦斯压力控制单元和瓦斯解吸测定单元,搭建新的实验平台。实验平台中的解吸瓦斯压力控制单元,可以根据解吸瓦斯压力大小自动选择解吸路径,这可有效保护瓦斯解吸测定单元;瓦斯解吸测定单元可实现煤样瓦斯解吸量及解吸速度的自动计量和数据采集,能克服人工读数不准确的弊端。

(2) 颗粒煤瓦斯解吸规律实验研究

采集不同变质程度的软、硬煤样,在新搭建的实验平台上,针对影响颗粒煤瓦斯扩散的因素开展模拟实验,考察各因素对瓦斯解吸规律的影响。

（3）颗粒煤瓦斯扩散规律与影响因素研究

结合颗粒煤瓦斯解吸规律实验的结果,研究不同条件下煤样瓦斯扩散规律及各因素对瓦斯扩散系数的影响状况,并从扩散介质与扩散相的特性分析各因素对瓦斯扩散的影响。

（4）颗粒煤瓦斯扩散时效特性模型的构建

在颗粒煤瓦斯扩散规律与影响因素研究成果的基础上,以菲克扩散定律为基础,根据质量守恒定律和连续性原理,结合瓦斯解吸规律模拟实验的研究成果,探讨颗粒煤瓦斯扩散时效特性的机理,构建变扩散系数条件下的颗粒煤瓦斯扩散时效特性模型,以达到修正瓦斯含量计算方法的目的。

（5）颗粒煤瓦斯扩散时效特性模型的解算与验证

通过对颗粒煤瓦斯扩散时效特性模型的解算,求取近似解,以方便现场应用;对不同条件下颗粒煤瓦斯扩散时效特性模型中的瓦斯扩散系数进行求解,并将新模型进行实验室和现场验证;通过考察新模型与原有模型在瓦斯含量测值及扩散系数方面的差异,验证新模型测值的准确性和稳定性。

1.4　研究方法与技术路线

本研究拟采用实验室测试、理论分析、数值解算、现场验证相结合的方法。具体技术路线如图 1-2 所示。

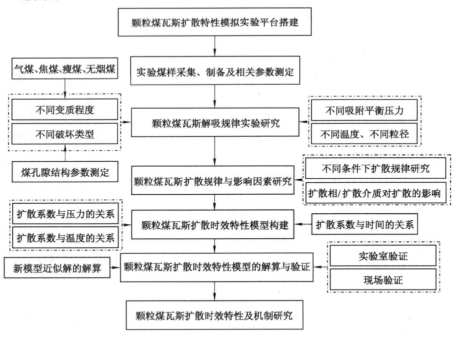

图 1-2　研究技术路线图

（1）颗粒煤瓦斯扩散特性模拟实验平台搭建

在现有的瓦斯吸附/解吸实验装置的基础上,利用 CHP50M 型煤层瓦斯含量快速测定仪对瓦斯解吸数据进行自动计量和采集,利用特制控制阀实现对解吸瓦斯压力的自动控制。

在此基础上研制新的模拟实验平台,该实验平台可以实现对不同吸附平衡压力、不同温度条件下的煤样进行瓦斯解吸(扩散)特性模拟实验。

（2）颗粒煤瓦斯解吸规律实验研究

采集不同变质程度、不同破坏类型的煤样,在新搭建的实验平台上,针对影响颗粒煤瓦斯扩散的吸附平衡压力、环境温度、破坏类型、变质程度和粒径等因素进行模拟实验,考察各因素对瓦斯解吸量和解吸速度的影响。

（3）颗粒煤瓦斯扩散规律与影响因素研究

通过对比定扩散系数条件下瓦斯含量计算值与实测值的差异,研究不同条件下煤样瓦斯扩散规律及各因素对瓦斯扩散系数的影响;并从颗粒煤的特性、瓦斯本身特性及瓦斯-颗粒煤体系所处的外界条件等角度出发,分析各因素对颗粒煤中瓦斯扩散的影响,为颗粒煤瓦斯扩散时效特性模型的构建奠定基础。

（4）颗粒煤瓦斯扩散时效特性模型的构建

以菲克扩散定律为基础,根据质量守恒定律和连续性原理,结合瓦斯解吸规律模拟实验中扩散系数与瓦斯压力、温度、解吸时间等关系的研究结论,研究扩散系数随解吸时间的变化规律。从宏观和微观角度探讨颗粒煤瓦斯扩散时效特性的机理,构建变扩散系数条件下的颗粒煤瓦斯扩散时效特性模型。

（5）颗粒煤瓦斯扩散时效特性模型的解算与验证

通过拉普拉斯方程、分离变量法等求解颗粒煤瓦斯扩散时效特性模型的近似解,以方便现场应用;通过分析不同条件下 $D(T)$-T、$D(p)$-p、$D(t)$-t 的关系,求解新模型中的瓦斯扩散系数,并将新模型在实验室和九里山煤矿现场进行验证;通过考察新模型的瓦斯含量测值与原有测定方法测值的差异,验证新模型测值的准确性和稳定性。

2 瓦斯扩散特性模拟实验平台搭建

基于煤层瓦斯含量井下直接测定方法的测定流程,利用现有的瓦斯吸附/解吸实验装置,通过增加解吸瓦斯压力控制单元和瓦斯解吸测定单元,搭建颗粒煤瓦斯扩散特性模拟实验平台,为颗粒煤瓦斯解吸规律模拟实验奠定基础。本章阐述了该实验平台的主要结构与功能,并对管路系统进行了体积标定。

2.1 提高煤层瓦斯含量测值准确性的方法

现行的煤层瓦斯含量井下直接测定方法存在扩散模型不合理、漏失瓦斯量计算误差大等缺点。因此,采用井下直接测定方法测量煤层瓦斯含量不准确,会给煤矿安全生产带来一定的隐患。开展"颗粒煤瓦斯扩散时效特性及机制研究"的目的,是构建颗粒煤瓦斯扩散时效特性模型,建立煤层瓦斯含量测定过程中漏失瓦斯量的科学合理的计算方法,完善煤层瓦斯含量计算方法,提高煤层瓦斯含量测值的准确性与稳定性。

提高煤层瓦斯含量测值的准确性可以从两方面着手:一是要在取样及测试手段上尽量缩短煤样暴露时间,暴露时间越短,漏失瓦斯量越少,瓦斯含量测试精度越高;二是研究取样过程中煤粒瓦斯解吸规律,完善取样过程中煤样漏失瓦斯量推算方法,使漏失瓦斯量计算值尽可能接近实际值。

国内外学者针对煤样采集、漏失瓦斯量计算等方面进行了大量研究。针对煤样采集时间长、漏失瓦斯量大的问题,国外学者曾先后提出了保压取芯、绳索取芯等方法,大大缩短了煤样取样时间,且能减少混样现象,从而提高了煤层瓦斯含量测值的准确性;但由于这些设备昂贵,且要求施工人员技术水平高,未能在国内大范围应用。煤炭科学研究总院抚顺分院等单位曾提出和实施过负压取样方法,该方法缩短了取样时间,并做到了定点取样;但受煤层条件多变、取样负压较低等原因的限制,也未能在国内大范围推广。

研究取样过程中颗粒煤瓦斯解吸规律,在不改变现有取样方式和条件下,尽可能使计算漏失瓦斯量接近实际值,同样可以实现提高瓦斯含量测值准确性的目的。基于此种考虑,美国的史密斯(P. M. Smith)和塞德尔(J. P. Seidle)等对美国矿业局(United States Bureau of Mines,USBM)提出的解吸法进行了校正,提高了煤层瓦斯含量测值的准确性和精度。我国众多学者也从技术角度对瓦斯含量测值进行了大量的研究,提出了不同的方法和思路,在一定程度上提高了瓦斯含量测值的稳定性和准确性。由此可见,研究和完善颗粒煤瓦斯扩散特性,构建瓦斯扩散新模型,是一条提高煤层瓦斯含量测值准确性的既实用又可行的技术途径。

2.2 实验平台的搭建

基于本书的研究内容和研究目的,需要在实验室对颗粒煤瓦斯解吸规律、瓦斯扩散特性进行模拟实验。在新搭建的模拟实验平台上,应能够模拟不同温度、不同吸附平衡压力等条件下的煤层瓦斯含量测定过程。通过不同条件下的煤样瓦斯扩散实验,结合低温液氮实验等测试手段,确定影响颗粒煤瓦斯扩散的主要因素。在此基础上,根据实验结果并结合理论分析,确定颗粒煤瓦斯扩散时效特性规律与影响因素,提出变扩散系数条件下的颗粒煤瓦斯扩散时效特性模型并进行解算,进而提高煤层瓦斯含量测值的准确性。

前人建立的瓦斯吸附/解吸实验平台,一般采用吸附平衡-人工读数的方法进行模拟实验。该类型的实验平台存在两方面的问题:

(1) 瓦斯解吸过程中靠人工读取玻璃管上的读数,确定不同时刻的瓦斯解吸量。该方法对瓦斯解吸速度慢、解吸总量不大的煤样尚可满足要求,但对瓦斯解吸速度快、解吸总量大的煤样必将产生较大的人为误差。

(2) 吸附平衡压力采用常规压力表测定。在进行颗粒煤瓦斯解吸实验时,当与煤样罐相连接的压力表读数归零时,开始计时并记录不同时刻的瓦斯解吸量。这个过程会产生一定的误差,况且机械式压力表归零具有一定的滞后性,即当煤样罐内的瓦斯压力为 1 个大气压时,压力表指针可能尚未归零,而等压力表归零后再开始读数的过程中,一部分解吸瓦斯已经漏失掉,自此以后得到的不同时刻的瓦斯解吸量并非真正意义上该时刻的瓦斯解吸量。

针对上述两个问题,搭建了新的模拟实验平台,其结构设计示意图见图 2-1。

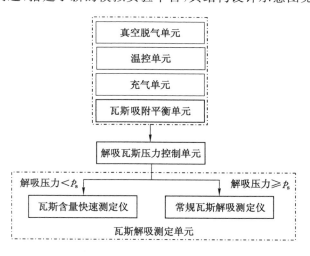

图 2-1 模拟实验装置结构设计示意图

该实验平台以常规的吸附/解吸实验平台为基础,在吸附平衡单元与解吸测定单元之间加装解吸瓦斯压力控制单元,可以实现在煤样罐内瓦斯压力大于设定值时,所解吸的瓦斯进入常规的瓦斯解吸测定仪,而当煤样罐内瓦斯压力小于设定值时,自动切换到 CHP50M 型煤层瓦斯含量快速测定仪上,实现瓦斯解吸量、解吸速度自动测定和数据采集功能。CHP50M 型煤层瓦斯含量快速测定仪可以测定不同时刻的煤样瓦斯解吸量及解吸速度。

根据不同时刻的解吸量及解吸速度,可以计算得到不同时刻的实验煤样瓦斯扩散系数。以此为基础,可以开展对颗粒煤瓦斯扩散时效特性的研究。

2.3 实验平台的结构与功能

根据本书研究需要,参照《煤的高压等温吸附试验方法》(GB/T 19560—2008)、《煤的甲烷吸附量测定方法(高压容量法)》(MT/T 752—1997)等相关标准的要求,在现有吸附/解吸实验装置的基础上搭建新的实验平台。实验平台的工作原理图见图 2-2,实验装置实物图见图 2-3。

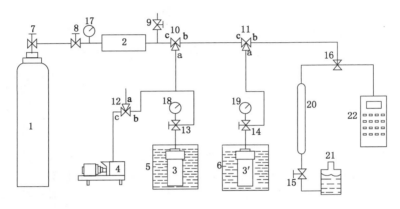

1—高压甲烷气瓶;2—缓冲罐;3(3′)—煤样罐;4—真空泵;
5—超级恒温器;6—恒温水浴;7—15—耐高压阀门;16—耐高压电磁阀;17—19—精密压力表;
20—常规瓦斯解吸测定仪;21—饱和食盐水;22—CHP50M 型煤层瓦斯含量快速测定仪。

图 2-2 实验平台工作原理图

(a) 原吸附/解吸实验平台　　　　(b) CHP50M 型煤层瓦斯含量快速测定仪

图 2-3 实验平台实物图

2.3.1 实验平台的结构

所建立的实验平台由真空脱气单元、温控单元、充气单元、瓦斯吸附平衡单元、解吸瓦斯压力控制单元、瓦斯解吸测定单元等 6 个部分组成。

(1)真空脱气单元

真空脱气单元由复合真空计、真空泵、真空管和玻璃三通阀组成。

该单元主要仪器的规格、产地、型号如下:

① 复合真空计:北京北仪创新真空技术有限责任公司仪器仪表分公司生产的FZH-2B型复合真空计,量程为 $1 \times 10^{-5} \sim 1$ Pa;

② 真空泵:上海博一泵业制造有限公司生产的 2XZ-4 型旋片式真空泵,极限真空度为 6.8×10^{-2} Pa。

（2）温控单元

温控单元由恒温水浴、超级恒温器等构成。

该单元主要仪器的规格、产地、型号如下:

① 超级恒温器:辽阳市恒温仪器厂生产的 501 型超级恒温器,恒温及控温范围为 $(0 \sim 95)$ ℃± 0.01 ℃;

② 恒温水浴:采用不锈钢板材、隔热棉等材料自行加工而成,容积为 2 L。

（3）充气单元

充气单元由高压甲烷气瓶、缓冲罐、相关连通管路、耐高压接头、精密压力表、耐高压阀门等组成。

该单元主要仪器的规格和参数为:

① 高压甲烷气瓶:高压甲烷气瓶中的甲烷浓度为 99.99%,最高压力为 15 MPa;

② 缓冲罐:不锈钢材质,最高耐压 20 MPa,尺寸为 $\phi 10$ cm$\times 30$ cm;

③ 管路:紫铜材质,直径为 8 mm,壁厚为 0.8 mm;

④ 精密压力表:由陕西秦岭仪表厂生产,量程为 $0 \sim 16$ MPa,精度等级为 0.4 级;

⑤ 耐高压阀门:由阜宁县北方阀门有限公司生产,压力调节范围为 $0 \sim 16$ MPa。

（4）瓦斯吸附平衡单元

瓦斯吸附平衡单元由煤样罐、精密压力表、耐高压阀门等组成。

该单元主要仪器的规格和参数如下:

① 煤样罐:不锈钢材质,耐压 20 MPa;

② 精密压力表:由陕西秦岭仪表厂生产,量程为 $0 \sim 16$ MPa,精度等级为 0.4 级;

③ 耐高压阀门:由阜宁县北方阀门有限公司生产,压力调节范围为 $0 \sim 16$ MPa。

（5）解吸瓦斯压力控制单元

解吸瓦斯压力控制单元主要由耐高压电磁阀、相关管路等构成。

该单元主要仪器的规格和参数为:

耐高压电磁阀:奉化市威泰气动有限公司定制的 WT2315a 型二位三通防爆电磁阀,工作温度为 $-10 \sim 55$ ℃,工作压力为 $0.1 \sim 2.5$ MPa。

（6）瓦斯解吸测定单元

瓦斯解吸测定单元由 CHP50M 型煤层瓦斯含量快速测定仪、常规瓦斯解吸测定仪及相应管路组成。

该单元主要仪器的规格和参数如下:

① CHP50M 型煤层瓦斯含量快速测定仪:由河南理工大学高科技开发公司生产,规格——工作电压 DC 4.8 V,工作电流≤135 mA,所测定瓦斯含量量程为 $0 \sim 50$ m³/t,流量量程为 $2 \sim 700$ mL/min;

② 常规瓦斯解吸测定仪:由一个带刻度的解吸量筒(容积 2 000 mL)及胶囊组成。

2.3.2 实验平台的功能

该实验平台主要具有如下 6 个方面的功能：

（1）真空脱气功能

该功能由真空脱气单元实现，可完成煤样真空脱气及煤样罐、充气罐、管网系统空间体积标定。

（2）恒温功能

该功能可保持煤样罐中颗粒煤煤样在吸附及解吸过程中恒温，由恒温水浴和超级恒温器实现。

（3）煤对瓦斯吸附常数（a、b 值）测定功能

利用高纯甲烷气源、充气罐对已真空脱气的煤样罐中煤样重复间隔地"充气平衡"，可测得煤的等温吸附曲线和吸附常数（a、b 值）。这种测定方法即《煤的甲烷吸附量测定方法（高压容量法）》（MT/T 752—1997）规定的高压容量法。

（4）解吸瓦斯压力自控功能

该功能通过解吸瓦斯压力控制单元实现。当解吸瓦斯压力大于 0.1 MPa 时，解吸瓦斯压力控制单元可使解吸瓦斯直接进入常规瓦斯解吸测定仪，而当瓦斯压力小于 0.1 MPa 时，该控制单元将解吸路径自动切换到 CHP50M 型煤层瓦斯含量快速测定仪上，测定不同时刻的瓦斯解吸量。

（5）瓦斯解吸参数自动测定与数据采集功能

该功能通过瓦斯解吸测定单元完成。自煤样解吸出来的瓦斯，当出口压力比较低时，通过 CHP50M 型煤层瓦斯含量快速测定仪自动采集不同时刻的瓦斯解吸量、瓦斯解吸速度等参数，从而可克服人工读数受液面波动等造成读数误差大的弊端。

（6）颗粒煤瓦斯吸附/解吸模拟实验功能

该功能通过吸附平衡单元和瓦斯解吸测定单元完成。通过该功能，可以实现对不同条件煤样瓦斯吸附/解吸过程的实验模拟。利用该功能，可对不同条件下颗粒煤瓦斯解吸规律进行模拟实验，可为颗粒煤瓦斯扩散时效特性及机制研究奠定基础。

2.4 实验装备的标定

为了保证实验过程中测试结果的准确性，需要对煤样罐、缓冲罐及它们所含管线的体积进行标定。标定前先做如下规定：将缓冲罐与煤样罐 3 之间的自由空间体积设为 V_1，将缓冲罐与煤样罐 3′之间的自由空间体积设为 V_2，将煤样罐 3 到耐高压阀门 13 之间的自由空间体积设为 V_3，将煤样罐 3′到耐高压阀门 14 之间的自由空间体积设为 V_4。标定的方法参照《煤的甲烷吸附量测定方法（高压容量法）》（MT/T 752—1997）之规定，具体步骤为：先检查系统的气密性，将煤样罐与真空脱气单元连接，抽取系统中的空气，直至气体压力小于 10 Pa，然后关闭阀门 a 及真空泵。之后按照先后顺序依次打开各阀门，记录标准量管液面变化值，进而确定各系统自由空间的体积。如此重复 3 次，取其平均值作为各自测定单元的自由空间体积。测定记录时刻的环境温度和大气压力，将测定的自由空间体积换算成标准状况下的自由空间体积。测试结果如表 2-1 所示。

表 2-1　自由空间体积测试结果　　　　　　　　　　单位:cm³

自由空间体积	第一次测定	第二次测定	第三次测定	平均值
V_1	36.0	38.0	36.0	36.7
V_2	47.0	46.0	45.0	46.0
V_3	34.0	36.0	36.0	35.3
V_4	46.0	45.0	46.0	45.7

3 颗粒煤瓦斯解吸规律实验研究

根据研究需要,采集不同变质程度和破坏类型的新鲜煤样,对相关参数进行测定。在新搭建的模拟实验平台上,设定不同的吸附平衡压力、温度等条件,通过测定瓦斯解吸量和解吸速度,研究颗粒煤瓦斯解吸规律,探讨各因素对颗粒煤瓦斯解吸规律的影响,为研究颗粒煤瓦斯扩散规律及影响因素奠定基础。

我国现行的煤层瓦斯含量井下直接测定方法,是采用以巴雷尔式为基础的 $\sqrt{t}$ 方法来确定取样过程中漏失瓦斯量的。漏失瓦斯量根据煤样开始暴露一段时间内实测的瓦斯解吸体积 V_{t0} 与煤样解吸时间 t,按照 $V_{t0} = A + B\sqrt{t}$ 关系反算得到,即令 $t=0$ 时,$V_{t0} = A$,A 值即所求的漏失瓦斯量。对于破坏程度较低、瓦斯含量不很高的煤体,该漏失瓦斯量推算方法尚能满足要求,所推算得到的漏失瓦斯量精度相对较高;而对于破坏程度较高、瓦斯含量较大的煤体,尤其是突出煤体,若仍按照 $V_{t0} = A + B\sqrt{t}$ 关系推算取样过程中的漏失瓦斯量,将造成较大的误差。究其原因,主要是高瓦斯、突出煤体具有较高的破坏程度、瓦斯压力及瓦斯含量等,煤样瓦斯解吸规律(尤其是煤样暴露前期的瓦斯解吸规律)不同于巴雷尔式的规律。前人研究得到的瓦斯解吸规律及模型众多,但这些模型公式大部分是从不同研究目的出发得到的经验公式或半经验公式,大多没有针对瓦斯含量测定工作的实际情况进行系统的实验研究和理论推导。

现有研究表明,瓦斯扩散是控制颗粒煤瓦斯解吸规律的主要环节。影响瓦斯解吸规律的主要因素包括吸附平衡压力、温度、煤的破坏类型、煤变质程度、煤样粒径、煤样水分等。本章从煤层瓦斯含量井下直接测定方法测定过程中的影响因素出发,通过在实验室对不同影响因素进行模拟实验,探讨各因素对颗粒煤瓦斯解吸规律的影响,为研究颗粒煤瓦斯扩散规律及影响因素奠定基础。考虑煤样水分与瓦斯解吸规律的关系过于复杂,且在邻近区域取样时煤样水分变化不大的实际情况,本研究未对该因素进行模拟实验。

3.1 煤样的采集、制备及相关参数测试

3.1.1 煤样的采集

根据研究需要,选取焦作煤业有限责任公司九里山煤矿(为方便记录,取煤矿首字母 JLS 进行识别,下同)二₁煤层(无烟煤)、山西柳林寨崖底煤业有限公司(ZYD)3 号煤层(焦煤、瘦煤)、淮南矿业(集团)有限责任公司潘一东煤矿(PYD)11-2 煤层(气煤),采集了不同变质程度、不同破坏类型的煤样共 6 组。所采集煤样信息见表 3-1。

本研究所采集煤样较有代表性,煤质涵盖低、中、高不同变质程度,破坏类型涵盖破坏程度较低的 Ⅱ 类煤和破坏程度较高的 Ⅲ 至 Ⅴ 类煤,包含突出煤层和非突出煤层。

表 3-1　实验用煤样信息表

煤样名称	煤层	煤质	破坏类型	备注
JLS 硬煤	二₁煤层	无烟煤	Ⅱ类	突出煤层
ZYD 硬煤	3 号煤层	焦煤、瘦煤	Ⅱ类	非突出煤层
PYD 硬煤	11-2 煤层	气煤	Ⅱ类	突出煤层
JLS 软煤	二₁煤层	无烟煤	Ⅳ至Ⅴ类	突出煤层
ZYD 软煤	3 号煤层	焦煤、瘦煤	Ⅲ至Ⅳ类	非突出煤层
PYD 软煤	11-2 煤层	气煤	Ⅲ至Ⅴ类	突出煤层

煤样均在新暴露的采掘工作面按照《煤层煤样采取方法》(GB/T 482—2008)采集,将采集的煤样密封并尽快送回实验室制备和保存。

3.1.2　煤样的制备

不同的实验目的和实验方法,要求采用不同规格的煤样。因此,从现场采集的新鲜煤样需要进行相应的制备和加工。

(1) 煤的吸附常数(a、b值)测试所需煤样的制备

参照《煤的甲烷吸附量测定方法(高压容量法)》(MT/T 752—1997),将所采集的 1 kg 新鲜煤样粉碎,过 0.17～0.25 mm 标准筛,筛选出粒径为 0.17～0.25 mm 的煤样,装入磨口瓶中密封待用,要求每组煤样至少制备 1 份,质量不少于 200 g。

(2) 工业分析所需煤样的制备

煤样的工业分析按照《煤的工业分析方法》(GB/T 212—2008)测定;煤样的真相对密度和视相对密度按照《煤的真相对密度测定方法》(GB/T 217—2008)和《煤的视相对密度测定方法》(GB/T 6949—2010)测定。这 3 个参数测定所需的煤样在制备时,筛选粒径小于 0.2 mm 的煤样装入磨口瓶待用,要求每份煤样质量不低于 200 g。

(3) 颗粒煤瓦斯解吸规律模拟实验所需煤样的制备

按照颗粒煤瓦斯解吸模拟实验的需要,采集新鲜煤样,把煤样粉碎成粒径小于 6 mm 的颗粒。由于本实验所需煤样粒径为 1～3 mm、0.5～1 mm 及 0.17～0.5 mm,利用不同规格标准组合筛筛分,每种煤样筛选粒径为 1～3 mm、0.5～1 mm 及 0.17～0.5 mm 煤样各 2 kg,装入玻璃干燥容器并密封保存。将制备好的煤样放入设定温度为 105 ℃的马弗炉中烘干,烘干时间为 2 h 以上,最后将干燥煤样放入冷却干燥塔中密封保存备用。

(4) 煤的坚固性系数测定所需煤样的制备

依据《煤和岩石物理力学性质测定方法 第 12 部分:煤的坚固性系数测定方法》(GB/T 23561.12—2010),煤的坚固性系数测定采用落锤法。将煤样破碎成小块,然后用孔径分别为 20 mm 和 30 mm 的筛子筛选出粒径为 20～30 mm 的煤块,每份 50 g,每 5 份为一组(250 g),共 3 组(750 g)。

(5) 煤的孔隙结构测定所需煤样的制备

煤的孔隙结构测定利用粉碎后粒径为 0.17～0.25 mm 的新鲜煤样。要求制备煤样质量为 50 g,在烘箱内高温(105 ℃以上)烘烤 2 h 以上,确保所需煤样已脱水,并冷却至室温备用。

3.1.3 煤样相关基础参数测试

各参数按照 3.1.2 小节规定的方法测定,测定结果见表 3-2。

表 3-2 实验用煤样基础参数测定结果(20 ℃)

煤样名称	工业分析/%			吸附常数		坚固性系数	视相对密度	真相对密度	孔隙率/%
	灰分含量 A_{ad}	水分含量 M_{ad}	挥发分含量 V_{daf}	a /(cm³/g)	b /MPa⁻¹				
JLS 软煤	10.68	1.47	7.50	41.84	1.53	0.23	1.27	1.38	7.97
ZYD 软煤	20.22	1.27	23.40	23.20	1.46	0.20	1.42	1.60	11.25
PYD 软煤	20.43	0.81	32.63	20.75	0.95	0.37	1.51	1.62	6.79
JLS 硬煤	12.07	1.50	7.61	38.87	1.82	0.81	1.40	1.51	7.28
ZYD 硬煤	24.18	1.34	22.33	20.28	1.39	0.64	1.26	1.33	5.26
PYD 硬煤	22.61	0.69	32.06	20.57	0.83	0.96	1.46	1.54	5.19

3.1.4 煤样孔隙结构测试与分析

煤体内孔隙是瓦斯的主要聚集场所和运移通道。煤的孔隙结构分布是研究瓦斯赋存状态,瓦斯与煤基质间物理化学作用及瓦斯解吸、扩散、渗流的基础。现有研究结果表明,煤的孔隙结构是影响煤吸附/解吸瓦斯的主要因素,煤的孔隙结构与煤化程度和破坏类型密切相关。为确定不同煤样的孔隙结构对颗粒煤瓦斯扩散特性的影响,需对煤样孔隙结构进行测试和研究。

3.1.4.1 测试原理和方法

有关煤的孔隙特征的研究方法和手段众多,常用的有低温液氮法、压汞法、扫描电镜法等。

本次测试采用低温液氮法对所采集煤样进行孔隙特征参数测定,所采用仪器设备为 ASAP2020 型比表面积及孔隙分析仪(实物见图 3-1)。该仪器具体技术参数为:低温液氮温度为 77.36 K,孔径分析范围为 0.35～500 nm,比表面积测定的下限为 $5×10^{-4}$ m²/g,微孔区段分辨率为 0.02 nm,孔体积检测下限为 $1×10^{-4}$ cm³/g。该仪器采用"静态容量法"等温

图 3-1 ASAP2020 型比表面积及孔隙分析仪

吸附的原理,可用于比表面积、孔体积、孔径、孔分布等的分析。

3.1.4.2　孔隙结构测试和分析

对所采集的不同变质程度[气煤、焦(瘦)煤、无烟煤]煤样的软煤和硬煤分别进行低温液氮吸附实验,测得不同煤样的比表面积、孔体积和平均孔径等参数。具体测定结果见表 3-3。

表 3-3　低温液氮法吸附实验基本参数测定结果

煤样名称	比表面积/(m²/g)	孔体积/(cm³/g)	平均孔径/nm
JLS 软煤	37.317	0.025 8	7.30
JLS 硬煤	3.042	0.002 2	7.21
ZYD 软煤	1.419	0.005 3	13.50
ZYD 硬煤	0.968	0.002 5	10.30
PYD 软煤	1.102	0.004 3	16.10
PYD 硬煤	0.697	0.002 1	11.60

从表 3-3 可知,不同煤种煤的比表面积大小依次为:气煤<焦(瘦)煤<无烟煤,孔体积大小依次为:气煤<焦(瘦)煤<无烟煤,平均孔径大小依次为:气煤>焦(瘦)煤>无烟煤。

根据孔及其滞后环的形态,把煤中的孔隙分为以下 3 类:

① 一端封闭的不透气性孔。包括一端封闭的圆筒形孔[图 3-2(a)]、一端封闭的平行板形孔[图 3-2(b)]、一端封闭的楔形孔[图 3-2(c)]以及一端封闭的锥形孔[图 3-2(d)]。这几种孔隙滞后环很小,甚至不产生滞后环。

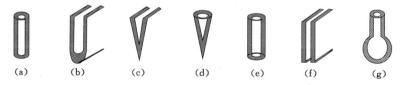

| (a) | (b) | (c) | (d) | (e) | (f) | (g) |

图 3-2　煤的孔隙类型及特征

② 开放型透气性孔。包括两端开口的筒圆形孔[图 3-2(e)]及四边开放的平行板形孔[图 3-2(f)]。这两种开放型孔隙均可产生滞后环。

③ 特殊形态的孔。即细颈瓶形孔[图 3-2(g)]。这是一类一端封闭的孔隙,但该类孔隙也可产生滞后环,其吸附回环上具有一个显著的特性,具体表现为回环曲线在某处会急剧下降。

不同类型的孔隙结构会产生不同特征的滞后环。可以根据滞后环的形态判断颗粒煤煤样中孔隙的特征,这样就能对煤吸附/解吸瓦斯气体的特征进行判定。

为判定实验煤样中的孔隙类型及特征,测定并绘制了各煤样的低温吸附曲线,如图 3-3所示。

通过对 6 种煤样的低温液氮法吸附等温线进行研究,可得出如下结论:

① 3 类曲线均属于典型的 Ⅱ 型等温线。在相对压力 p/p_0 较低处,吸附曲线向上凸,吸附量急剧增加。在相对压力为 0~0.2 处,各煤样瓦斯吸附量大小顺序为:气煤<焦(瘦)

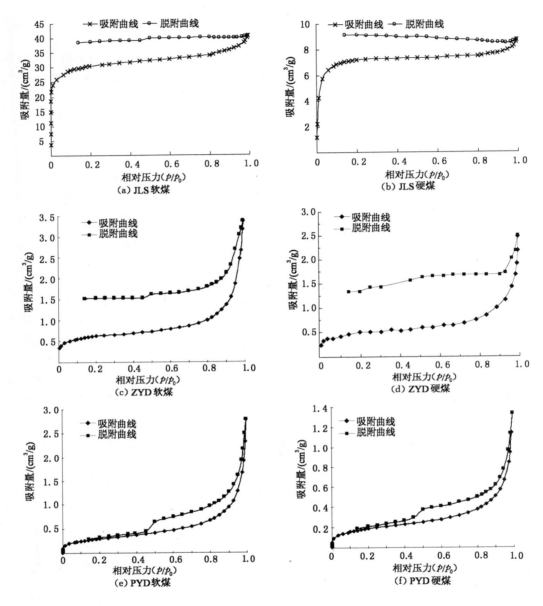

图 3-3　低温液氮法吸附等温线

煤<无烟煤。其中,无烟煤的瓦斯吸附量在相对压力 p/p_0 从 0 开始的最初阶段几乎呈直线上升,表明无烟煤在此阶段具有非常丰富的微孔,开放型孔隙居多。随着相对压力增加,氮气分子逐步填满微孔,曲线开始出现一个拐点,该点预示着单分子层吸附的结束;随着相对压力继续增大,较大孔中单分子层排布的分子数增多,表面张力集中处产生多分子层吸附,吸附层加厚,曲线呈上升趋势。当相对压力 p/p_0 达到 0.800~0.995 时,在小孔和中孔内发生的毛细凝聚现象,导致氮气的吸附量急剧增加。

②6 种煤样吸附等温线均具有回线,说明煤中均含有开放型的孔。当相对压力降到 0.5 时,吸附量出现急剧下降现象,说明 3 种不同变质程度煤均含有细颈瓶形孔。相比气煤

和焦(瘦)煤,无烟煤的脱附曲线下降趋势并不明显,甚至趋于平缓,说明无烟煤中的中孔和小孔数量相对要少,微孔数量居多,且多为开放型孔隙。

③ 对同一变质程度煤样,软煤的吸附量均比硬煤大,这说明煤的吸附量与破坏类型关系密切。从吸附曲线可以看出,不同变质程度煤样吸附量大小顺序为:气煤<焦(瘦)煤<无烟煤,即变质程度越高,吸附量越大。

3.2 颗粒煤瓦斯解吸过程模拟测试方法

颗粒煤瓦斯解吸过程模拟测试是在图 2-3 所示的测试装置上进行的。在测试过程中,根据采集煤样所属矿井瓦斯含量的实际情况,选取不同的解吸环境温度(0 ℃、20 ℃、30 ℃)、不同的吸附平衡压力(0.50 MPa、1.50 MPa、2.50 MPa)条件进行实验。

下面以图 2-2 中 3 号煤样罐为例,描述颗粒煤瓦斯解吸模拟实验测定过程。实验流程图见图 3-4,具体实验过程描述如下:

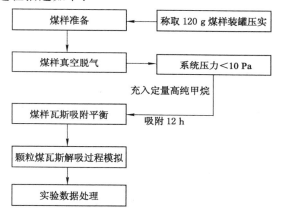

图 3-4 模拟实验流程图

(1)煤样准备

从制备好、已烘干的颗粒煤中称取质量约 120 g 的煤样,装入煤样罐 3 中。装罐时要求尽量将煤样装满压实,在煤样上面加盖一层脱脂棉和 80 目铜网,防止煤样瓦斯解吸过程中煤粒进入系统造成管路堵塞。

(2)煤样真空脱气

首先将恒温水浴温度设定为 T(50 ℃±1 ℃),开启恒温水浴,然后启动复合真空计、真空泵,打开煤样罐与真空泵之间的耐高压阀门 12 和 13 对煤样罐中的煤样进行真空脱气,直至复合真空计显示压力值小于 10 Pa 时停止,关闭耐高压阀门 12 和 13,再关闭真空泵。

(3)煤样瓦斯吸附平衡

开启高压甲烷气瓶(甲烷浓度为 99.99%)及耐高压阀门 7 和 8,使高压、高浓度的瓦斯进入缓冲罐,关闭耐高压阀门 7 和 8,待缓冲罐压力表压力稳定后,记录缓冲罐压力表读数 p_1 以及大气压力 p_{01} 和室温 T_1;然后缓慢开启耐高压阀门 9、10 和 13,使缓冲罐内瓦斯进入煤样罐,当煤样罐中瓦斯压力达到一定值时,关闭耐高压阀门 9、10 和 13,记录缓冲罐压力表读数 p_2 以及大气压力 p_{02} 和室温 T_2;当煤样罐内煤样吸附平衡 12 h 以上时,根据设定的吸附平衡压力要求,进行微调并重新达到平衡,读取煤样罐吸附平衡压力 p_3 以及大气压力 p_{03} 和室温 T_3。由此可以计算出吸附平衡压力为 p_3 下的煤样吸附瓦斯量,即

$$X = \frac{\Delta Q}{G_r} \tag{3-1}$$

$$\Delta Q = Q_c - Q_d \tag{3-2}$$

$$Q_d = \frac{273.2 V_d p_3{}'}{Z \times 293.2 \times 0.101\ 325} \tag{3-3}$$

$$Q_c = \left(\frac{p_1{}'}{Z_1} - \frac{p_2{}'}{Z_2} \right) \frac{273.2 V_0}{(273.2 + T) \times 0.101\ 325} \tag{3-4}$$

式中　X ——吸附平衡压力为 p_3 下的单位质量煤样吸附瓦斯量,cm^3/g;

G_r ——煤样质量,g;

Q_c ——充入煤样罐内的甲烷体积,cm^3;

Q_d ——煤样罐"死空间"在 p_3 压力下的游离瓦斯量,cm^3;

V_d ——煤样罐的"死空间"体积,cm^3;

$p_3{}'$ ——煤样罐吸附平衡压力绝对值,MPa,$p_3{}' = p_{03} + p_3$;

Z, Z_1, Z_2 ——在压力分别为 $p_3{}', p_1{}', p_2{}'$ 下的甲烷气体压缩系数;

$p_1{}'$ ——甲烷充入煤样罐前的缓冲罐瓦斯压力绝对值,MPa,$p_1{}' = p_{01} + p_1$;

$p_2{}'$ ——甲烷充入煤样罐后的缓冲罐瓦斯压力绝对值,MPa,$p_2{}' = p_{02} + p_2$;

T ——缓冲罐向煤样罐充气前、后的平均室温,℃,$T = (T_1 + T_2)/2$;

V_0 ——缓冲罐连同管路在内的体积,cm^3。

(4) 颗粒煤瓦斯解吸过程模拟

① 测定前,确定恒温水浴 6 的温度是设定的温度,并仔细检查导气管及瓦斯解吸测定单元的气密性,按照图 2-2 所示进行连接,同时测定室温和大气压力。

② 设定好耐高压电磁阀 16 的转换压力(0.1 MPa),开启 CHP50M 型煤层瓦斯含量快速测定仪,然后先后开启耐高压电磁阀 16、耐高压阀门 11 和 13,并确保管路系统保持连通。当煤样罐内的瓦斯压力大于 0.1 MPa 时,煤样解吸瓦斯自动进入常规瓦斯解吸测定仪 20;当瓦斯压力小于 0.1 MPa 时,耐高压电磁阀动作,将煤样解吸瓦斯气流瞬间转换到 CHP50M 型煤层瓦斯含量快速测定仪上。实验平台通过耐高压电磁阀转换解吸路径,可保证高压、大流量的瓦斯气流不会损毁 CHP50M 型煤层瓦斯含量快速测定仪中的传感器。

③ 按照设计好的解吸时间步长,观察 CHP50M 型煤层瓦斯含量快速测定仪的读数,直至读数变化小于 2 mL/min 时终止测试。

(5) 实验数据处理

颗粒煤瓦斯解吸过程模拟实验是在不同解吸温度、不同大气压力条件下进行的,需要将不同温度、不同大气压力下煤样的瓦斯吸附/解吸量换算成标准状况下的体积,换算公式为:

$$Q_t = \frac{273.2}{1.013\ 25 \times 10^5 (237.2 + T_w)} (p_a - 9.81 h_w - p_s) \times Q_t{}' \tag{3-5}$$

式中　Q_t ——标准状况下煤样的瓦斯吸附/解吸量,cm^3;

$Q_t{}'$ ——实验环境下煤样的瓦斯吸附/解吸量,cm^3;

T_w ——量管内水体温度,℃;

p_a ——大气压力,Pa;

h_w——读取数据时量管内水柱高度,mm;

p_s——T_w温度下饱和水蒸气压力,Pa。

3.3　吸附平衡压力对瓦斯解吸规律的影响

吸附平衡压力是影响颗粒煤瓦斯解吸的重要参数。海帕莱尼等通过研究发现,吸附平衡压力的变化会引起科林伯格效应。即在瓦斯压力较低时,随着煤层瓦斯压力的不断升高,煤的渗透率反而降低;而在瓦斯压力较高时,煤的渗透率随着瓦斯压力的增加而增大。这也旁证了瓦斯压力对瓦斯的扩散有一定的影响,且其影响在高压区与低压区具有不同特征。

吸附平衡压力对颗粒煤瓦斯解吸规律影响的模拟实验研究,是在等温条件下进行的。煤样采用已制备好的粒径为 1～3 mm 的干燥煤样,对所采集的各煤层软、硬煤煤样均进行对比实验。

通过对相同温度条件下不同吸附平衡压力煤样不同时刻的解吸量、解吸速度进行测试,探讨吸附平衡压力对颗粒煤瓦斯解吸规律的影响。由于在瓦斯含量实际测定过程中,漏失瓦斯量主要是煤样暴露后前几分钟的取样过程中漏失掉的瓦斯量,所以本次实验着重考察瓦斯暴露后的前一段时间内(60 min)的瓦斯解吸规律。

3.3.1　吸附平衡压力对瓦斯解吸量的影响

根据煤样采集地点的实际情况,本项模拟测试针对不同煤样设定吸附平衡压力分别为 0.5 MPa、1.5 MPa、2.5 MPa,实验温度为 20 ℃。根据测试结果绘制了瓦斯解吸量随时间的变化图,见图 3-5。

从图 3-5 可以看出:无论煤样变质程度高低,煤样瓦斯解吸量随解吸时间的延长而增加,具有单调增加的趋势;煤样在相同时间内的累计瓦斯解吸量随吸附平衡压力的增大而增加。以 JLS 软煤煤样为例:吸附平衡压力由 0.5 MPa 增加至 1.5 MPa,前 10 min 内累计瓦斯解吸量增加了 5.4 cm³/g;吸附平衡压力由 1.5 MPa 增加到 2.5 MPa,前 10 min 内累计瓦斯解吸量增加了 4.6 cm³/g。吸附平衡压力由 0.5 MPa 增加至 1.5 MPa,前 60 min 内累计瓦斯解吸量增加了 7.1 cm³/g;吸附平衡压力由 1.5 MPa 增加到 2.5 MPa,前 60 min 内累计瓦斯解吸量增加了 4.3 cm³/g。可以看出,随着吸附平衡压力的增大,相同时间内煤样的瓦斯解吸量随之增加,但增幅逐渐减小。

产生上述现象的原因在于:煤样在初始暴露阶段,煤粒内裂隙及大孔隙内的游离瓦斯首先解吸出来,大孔隙及裂隙表面所吸附的甲烷分子瞬间解吸进入大孔隙和裂隙内;随着解吸时间的延长,微孔隙中的甲烷分子要进入大孔隙和裂隙需要克服比较大的阻力,在一定程度上限制了瓦斯解吸量的快速增加;随着瓦斯解吸时间的延长,不断有甲烷分子从微孔隙中解吸出来,这使得总的瓦斯解吸量不断增加,但增加的幅度不断减小。

随着瓦斯压力的增大,煤粒内孔隙表面分子的排列会发生变化。现有研究表明,在气体(瓦斯)压力较低时,固体吸附剂(煤)对气体(甲烷)分子的吸附符合朗缪尔单分子层吸附理论,即甲烷分子在孔隙内表面呈单层分布;而当气体(瓦斯)压力较高时,孔隙内表面气体(甲烷)分子的排列方式不再遵循朗缪尔单分子层吸附理论,变为多层吸附。在煤样瓦斯解吸的初期,单位时间内多分子层的瓦斯解吸量较单分子层的瓦斯解吸量要大,外在表现为煤样暴

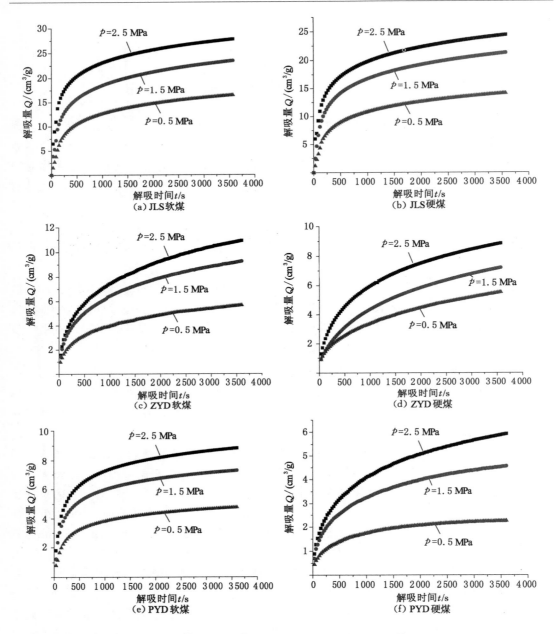

图 3-5　不同吸附平衡压力条件下瓦斯解吸量变化图

露的初期瓦斯解吸量较大,瓦斯解吸总量不断增加,而后期增速逐渐放缓。

　　关于极限瓦斯解吸量的求取方法,目前尚无统一的说法。日本学者渡边伊温等采用渐近线的方法求取极限瓦斯解吸量,但我国学者王兆丰等通过实验证明渡边伊温等所采用的求取方法并不可取。杨其銮等以朗缪尔吸附理论为基础,采用特定吸附平衡压力 p 与解吸测定时的大气压力 p_a 所对应的吸附量的差值作为极限解吸量,即采用下式求取极限瓦斯解吸量:

$$Q_\infty = \left(\frac{abp}{1+bp} - \frac{abp_a}{1+bp_a} \right) \cdot m \cdot (1 - M_{ad} - A_d) \tag{3-6}$$

式中　Q_∞——煤样极限瓦斯解吸量，cm^3；

　　　m——煤样质量，g；

　　　M_{ad}，A_d——煤中水分和灰分含量，%；

　　　p——吸附平衡压力，MPa；

　　　p_a——解吸环境大气压力，MPa。

3.3.2　吸附平衡压力对瓦斯解吸速度的影响

现有研究成果表明，吸附平衡压力对煤体（尤其是破坏类型较高的煤体）瓦斯解吸速度的影响较为明显。王兆丰等研究认为吸附平衡压力与瓦斯解吸初速度之间存在如下关系：

$$v_1 = Bp^{k_p} \tag{3-7}$$

式中　v_1——吸附平衡压力为 p 时的瓦斯解吸初速度，$\text{cm}^3/(\text{g} \cdot \text{min})$；

　　　B——回归系数，即当瓦斯压力为 1 MPa 时所对应的瓦斯解吸速度，$\text{cm}^3/(\text{g} \cdot \text{min})$；

　　　p——吸附平衡压力，MPa；

　　　k_p——瓦斯解吸特征指数。

王兆丰等通过对突出煤体瓦斯解吸指标的研究，得出了瓦斯解吸初速度与吸附平衡压力之间具有线性关系的特征。

雅纳斯认为，瓦斯解吸速度随解吸时间的变化符合幂函数规律：

$$\frac{v_t}{v_{t_a}} = \left(\frac{t}{t_a} \right)^{-k_a} \tag{3-8}$$

式中　v_t，v_{t_a}——解吸时间分别为 t 和 t_a 时的瓦斯解吸速度，$\text{cm}^3/(\text{g} \cdot \text{min})$；

　　　k_a——影响瓦斯解吸的指数。

为考察吸附平衡压力对颗粒煤煤样瓦斯解吸速度的影响，采用粒径为 1～3 mm 的干燥煤样在模拟实验平台上进行模拟实验，测定不同煤样、不同吸附平衡压力条件下的瓦斯解吸速度。实验结果如图 3-6 所示。

从图 3-6 可以看出，无论是软煤还是硬煤，在煤样瓦斯解吸初期（尤其是前 5 min 左右），瓦斯解吸速度均较快，后期瓦斯解吸速度趋于缓和。软、硬煤相比较而言，软煤在初期的瓦斯解吸速度比硬煤同时间段的瓦斯解吸速度要快近 1 倍，其瓦斯解吸衰减速度较硬煤也要快。

对于不同变质程度的煤样而言，变质程度最高的无烟煤，其瓦斯解吸速度要比其他煤样更快。从孔隙结构测试结果可知：JLS 软煤的比表面积为 37.317 m^2/g，ZYD 软煤的比表面积仅为 1.419 m^2/g，PYD 软煤的比表面积为 1.102 m^2/g，JLS 软煤的比表面积是其他两种煤样的 20 倍以上；而 JLS 软煤平均孔径为 7.30 nm，均比其他两种煤样要小。结合各煤样低温液氮法吸附数据可以看出，JLS 软煤煤样的孔隙比其他两种煤样的更为发育，且主要以开放型孔隙为主。在煤样暴露的初期，大量开放的孔隙表面吸附有较多的甲烷分子，甲烷分子在浓度梯度的作用下快速进入孔隙、裂隙，并最终解吸出来，从而造成煤样暴露初期瓦斯解吸速度较大的现象；在煤样瓦斯解吸的后期，裂隙表面的甲烷分子密度降低，甲烷分子浓度梯度变小，导致瓦斯解吸速度大幅度减小，具体表现为瓦斯解吸后期的解吸速度变慢。

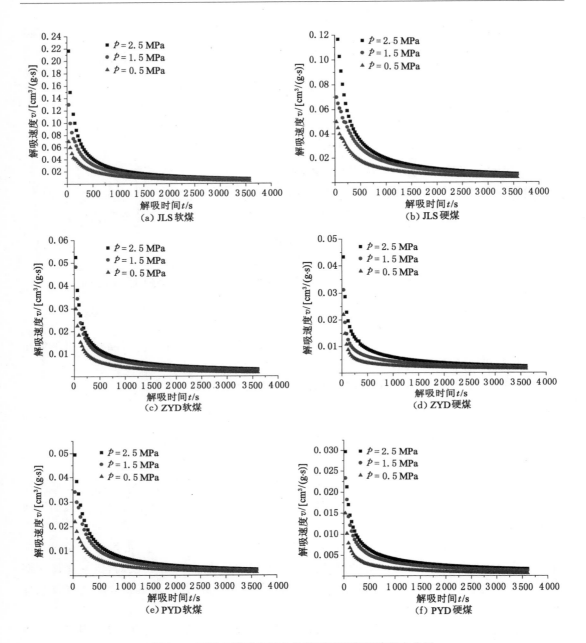

图 3-6 不同吸附平衡压力条件下瓦斯解吸速度变化图

3.4 温度对瓦斯解吸规律的影响

国外有学者研究认为:温度越高,煤的瓦斯解吸速度越快,相同解吸时间内的瓦斯解吸量也越大。国内众多研究者也开展了温度对瓦斯解吸影响的研究,通过实验证明了煤样瓦斯解吸量具有随温度的升高而逐渐增加的特征。

随着采深的增加,煤层温度逐渐升高,在我国部分矿区煤层温度已达到 40 ℃左右,甚至更高。在大气环境温度下对从高温煤体中采集的煤样进行瓦斯含量测定,瓦斯解吸环境温度不同,瓦斯含量测值必然存在一定的误差,但目前考虑温度影响条件下的煤体瓦斯扩散实验及理论的相关研究并不多。本书拟开展不同温度条件下颗粒煤瓦斯解吸规律模拟实验,探讨颗粒煤瓦斯解吸规律。

根据研究需要,选取了 JLS 二₁煤层、ZYD 3 号煤层煤样,测定了不同温度下的吸附常数(a、b 值)。测定结果见表 3-4 和图 3-7。

表 3-4 煤样吸附常数测定表

煤样名称	温度 $T/℃$	$a/(cm^3/g)$	b/MPa^{-1}
JLS 软煤	40	41.20	1.41
	30	41.26	1.48
	20	41.84	1.53
	10	41.82	1.66
	0	41.61	1.82
JLS 硬煤	40	38.11	1.43
	30	38.31	1.55
	20	38.87	1.82
	10	38.68	1.86
	0	38.86	1.90
ZYD 软煤	30	22.81	1.22
	20	23.24	1.46
	0	23.33	1.65
ZYD 硬煤	30	21.53	1.25
	20	21.76	1.39
	0	21.82	1.69

从表 3-4 和图 3-7 可以看出,随着温度的升高,吸附常数 a 有逐渐降低的趋势。这是因为煤对瓦斯的吸附主要以物理吸附为主,煤对甲烷分子的吸附速度越快,在规定的时间内煤样越容易达到瓦斯吸附平衡,且瓦斯吸附过程是一个放热过程,故出现饱和吸附量(a 值)随温度升高而略有降低的现象。同时,随温度的升高吸附常数 b 也具有降低的趋势。这主要是由于吸附常数 b 反映的是吸附速度与解吸速度的关系,解吸为吸热过程,温度越高解吸越易进行,b 值越小。上述规律与程根银等的研究成果类似。

3.4.1 温度对瓦斯解吸量的影响

在模拟实验平台上,采用已制备好的粒径为 1~3 mm 的干燥煤样,保持恒定的温度(根据煤样采集地点的实际情况,设定为 0 ℃、20 ℃、30 ℃),在不同吸附平衡压力条件下对煤样瓦斯解吸特性进行了模拟实验。鉴于篇幅有限,仅绘制了 ZYD 煤样解吸温度与瓦斯解吸量的关系图(见图 3-8)。

从图 3-8 可以看出,相同吸附平衡压力、不同温度条件下,相同时间内瓦斯解吸量随着

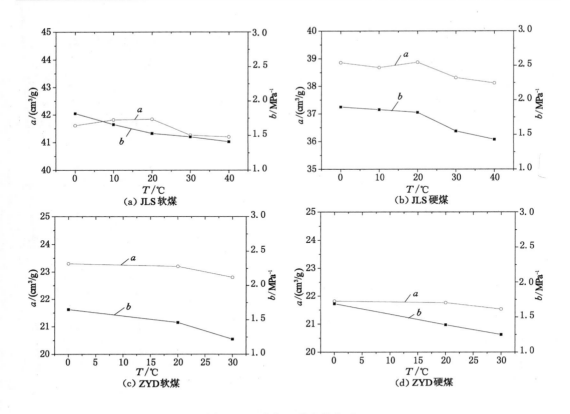

图 3-7 温度与吸附常数关系图

温度的升高而增加,且呈单调增加的趋势。随着温度的升高,煤体内甲烷分子的内能也随之增大。甲烷分子内能越大,分子热运动越剧烈,其具有的动能越高,则吸附于孔隙表面及基质内部的甲烷分子获得能量而脱离孔隙表面进入孔隙空间的可能性就越大,相同时间内会有更多的甲烷分子解吸出来,从而造成高温条件下瓦斯解吸量更大的现象。

对实验数据拟合发现,采用对数函数和幂函数均可描述瓦斯解吸量 Q 与解吸时间 t 的关系。但对数函数总体描述效果要比幂函数更贴近实际,这与部分学者的观点不尽相同。表 3-5 为 ZYD 软、硬煤煤样在不同温度条件下的 Q-t 拟合关系对比表。

表 3-5 不同温度下瓦斯解吸量与时间拟合关系对比表

煤样名称	温度 $T/℃$	对数函数	相关系数 R	幂函数	相关系数 R
ZYD 软煤	0	$Q=1.161\ln t-3.462$	0.996	$Q=0.527t^{0.304}$	0.991
	20	$Q=1.115\ln t-3.614$	0.993	$Q=0.399t^{0.328}$	0.993
	30	$Q=0.791\ln t-2.611$	0.991	$Q=0.271t^{0.331}$	0.995
ZYD 硬煤	0	$Q=1.076\ln t-2.639$	0.999	$Q=0.713t^{0.269}$	0.980
	20	$Q=1.185\ln t-4.092$	0.996	$Q=0.292t^{0.371}$	0.979
	30	$Q=0.853\ln t-3.137$	0.994	$Q=0.158t^{0.400}$	0.998

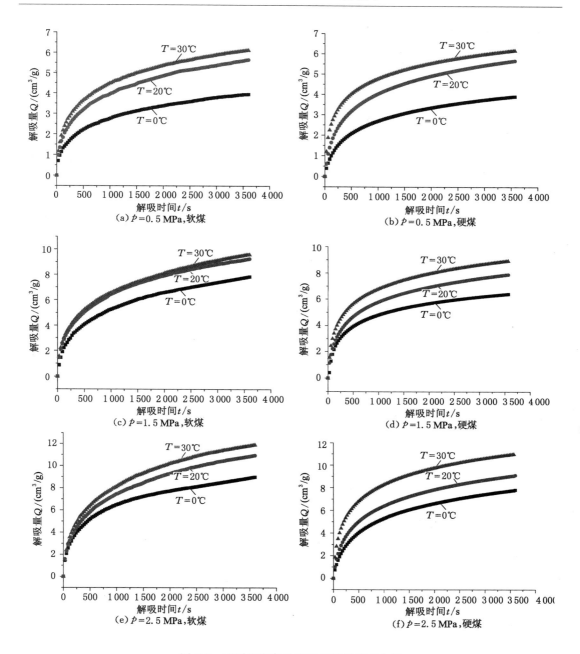

图 3-8　不同温度条件下瓦斯解吸量变化图

3.4.2　温度对瓦斯解吸速度的影响

在测定不同温度条件下煤样瓦斯解吸量的基础上,以 ZYD 煤样为例,绘制了不同温度条件下煤样瓦斯解吸速度变化图,如图 3-9 所示。

从图 3-9 可以看出,相同吸附平衡压力条件下,瓦斯解吸速度随温度的升高而增大,随解吸时间的延长而逐渐趋于稳定,且最终趋于一致。

产生上述现象的原因主要是:随温度的升高,甲烷分子的活性增加、动能变大,甲烷

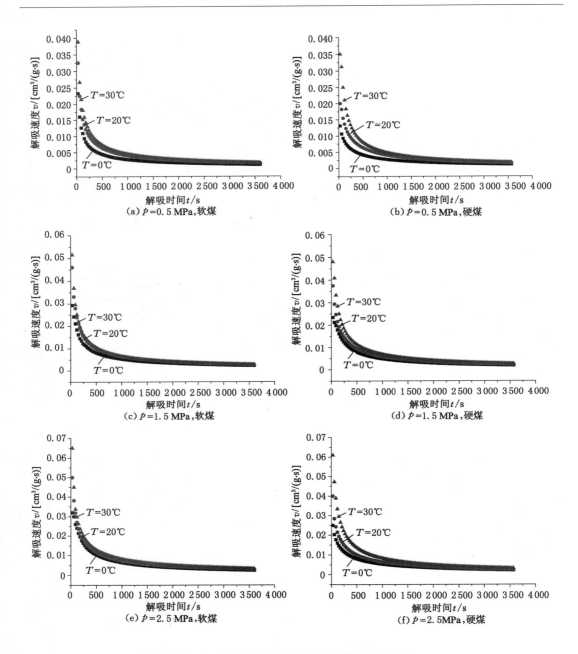

图 3-9　不同温度条件下瓦斯解吸速度变化图

分子的热运动加剧,甲烷分子在煤的孔隙表面停留时间缩短,因而解吸速度变大;随解吸时间的延长,孔隙表面甲烷分子浓度及浓度梯度降低,致使解吸速度不断降低,并最终趋于稳定。

对于破坏类型不同的软、硬煤而言,以吸附平衡压力为 0.5 MPa 为例,绘制了 0 ℃ 和 20 ℃ 条件下前 690 s 内瓦斯解吸速度曲线对比图,如图 3-10 所示。

由图 3-10 可以看出:在煤样瓦斯解吸前期的第 300 s 时,温度由 0 ℃ 升到 20 ℃,软煤的瓦

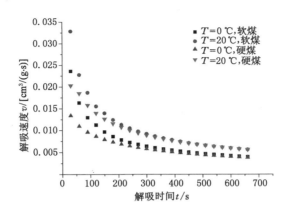

图 3-10 软、硬煤瓦斯解吸速度对比图

斯解吸速度由 0.365 cm³/(g·min)[1 cm³/(g·min)对应图 3-10 中 60 cm³/(g·s),下同]增加到 0.534 cm³/(g·min),硬煤的瓦斯解吸速度由 0.330 cm³/(g·min)增加到 0.480 cm³/(g·min);而到第 600 s 时软煤的瓦斯解吸速度由 0.236 cm³/(g·min)增加到 0.341 cm³/(g·min),硬煤的瓦斯解吸速度由 0.224 cm³/(g·min)增加到 0.339 cm³/(g·min)。可以看出,随着温度的增高,软煤的瓦斯解吸速度对温度的响应更为敏感。

软、硬煤煤样对环境温度响应的差异性,主要是煤样微观结构所致。从 ZYD 煤层孔隙结构参数测试结果可知,软煤的比表面积为 1.419 m²/g,孔体积为 0.005 3 m³/g,而硬煤的比表面积仅为 0.968 m²/g,孔体积为 0.002 5 m³/g。较大的比表面积和孔体积能够吸附更多的甲烷分子。当环境温度升高时,软煤煤样在本已吸附较多甲烷分子的条件下,相同时间内会有更多的甲烷分子得以运移至孔隙内并解吸出来,从而造成软煤的瓦斯解吸速度较硬煤更大的现象。

3.5 破坏程度对瓦斯解吸规律的影响

国内外学者对各种破坏类型煤样的瓦斯解吸特性进行了大量的实验和理论研究。现有研究结果表明,随着煤体破坏类型的增高,颗粒煤瓦斯初始解吸速度及煤样在暴露的最初一段时间的瓦斯解吸速度均大幅度增加。众多学者对各瓦斯解吸公式进行了验证,对我国的煤层而言,当破坏类型较高时,巴雷尔式等常用公式误差非常大,使得计算所得漏失瓦斯量总小于实际漏失瓦斯量;乌斯基诺夫式较为理想,但相关系数也较低。鉴于前人对此部分内容进行了大量的研究,且得到了较为一致的认识,本研究不再针对实验数据对各公式进行逐个绘图、计算验证,重点结合 3.3 节和 3.4 节内容的测试数据进行理论分析。

不同破坏类型的软、硬煤煤样在不同吸附平衡压力条件下,其解吸瓦斯量所占比例不同。表 3-6 对比了 20 ℃条件下不同时间段内各实验煤样的瓦斯解吸量占 60 min 内瓦斯解吸总量的比例。根据表 3-6 绘制了如图 3-11 所示的不同时间段瓦斯解吸量比例图。

表 3-6　不同时间段内瓦斯解吸量比例表

吸附平衡压力 p/MPa	煤样名称	不同时间段内瓦斯解吸量占瓦斯解吸总量的比例 η/%					
		Q_1/Q_{60}	Q_2/Q_{60}	Q_3/Q_{60}	Q_{10}/Q_{60}	Q_{30}/Q_{60}	Q_{50}/Q_{60}
0.5	JLS 软煤	26.5	35.7	48.3	67.5	87.7	96.9
	JLS 硬煤	16.3	29.9	43.0	67.1	87.5	96.8
	ZYD 软煤	20.8	30.3	32.6	50.1	83.2	95.0
	ZYD 硬煤	16.5	19.5	22.3	39.1	71.0	91.8
	PYD 软煤	31.6	40.1	46.9	71.7	89.8	97.5
	PYD 硬煤	24.3	34.9	45.2	67.4	90.3	98.3
1.5	JLS 软煤	22.8	40.2	58.4	70.1	88.6	97.1
	JLS 硬煤	21.1	38.4	54.1	69.6	88.5	97.1
	ZYD 软煤	22.3	31.0	36.8	57.9	82.9	95.4
	ZYD 硬煤	15.9	21.1	25.6	47.4	77.6	94.0
	PYD 软煤	32.3	41.7	52.6	74.7	90.9	97.7
	PYD 硬煤	28.0	35.4	40.5	60.9	85.3	96.5
2.5	JLS 软煤	32.4	49.2	57.4	76.0	91.0	97.7
	JLS 硬煤	28.7	44.8	52.9	73.1	89.8	97.4
	ZYD 软煤	20.9	29.7	35.7	57.4	82.1	95.4
	ZYD 硬煤	19.4	26.5	32.2	55.2	81.7	95.0
	PYD 软煤	31.6	41.1	52.0	74.4	90.8	97.7
	PYD 硬煤	25.8	32.8	40.8	58.2	83.2	95.7

注：Q_1——煤样暴露后前 1 min 瓦斯解吸量；……；Q_{60}——煤样暴露后前 60 min 瓦斯解吸总量。

从图 3-11 可以看出，在相同温度条件下，不论变质程度高低及吸附平衡压力大小，突出煤层（JLS 二₁煤层、PYD 11-2 煤层）煤样，前 3 min 瓦斯解吸量均达到前 60 min 瓦斯解吸总量的 40% 以上，而非突出煤层（ZYD 3 号煤层）煤样前 3 min 瓦斯解吸量的最高比例仅为 36.8%。从软、硬煤煤样对比来看，软煤在相同时间内的瓦斯解吸总量大于硬煤的瓦斯解吸总量，且具有随着吸附平衡压力增大而增加的趋势，但不同煤种之间又有所差别。

为比较不同吸附平衡压力条件下软、硬煤煤样瓦斯解吸量的差异，分别绘制了 JLS 和 ZYD 软、硬煤煤样的瓦斯解吸量随时间的变化图，如图 3-12 和图 3-13 所示。

从图 3-12 可以看出：当吸附平衡压力为 1.5 MPa 时，前 60 min 内 JLS 软煤煤样的瓦斯解吸量比硬煤的增加 2.0 cm³/g；当吸附平衡压力增加到 2.5 MPa 时，前 60 min 内软煤煤样的瓦斯解吸量比硬煤的增加 3.4 cm³/g。从图 3-13 可以发现：在吸附平衡压力为 1.5 MPa 时，ZYD 软煤煤样较硬煤煤样在前 60 min 内的瓦斯解吸量增加 1.7 cm³/g；当吸附平衡压力增加到 2.5 MPa 时，软煤煤样较硬煤煤样在前 60 min 内的瓦斯解吸量增加 2.1 cm³/g。

由此可见，随着吸附平衡压力的增加，在相同的时间内，软煤的瓦斯解吸量大于硬煤，且随着变质程度的增加，差别具有逐渐增大的趋势。软、硬煤瓦斯解吸量随时间变化的差异性，主要受煤粒内部孔隙结构及比表面积等微观结构的差异性控制。随着煤体破坏程度的

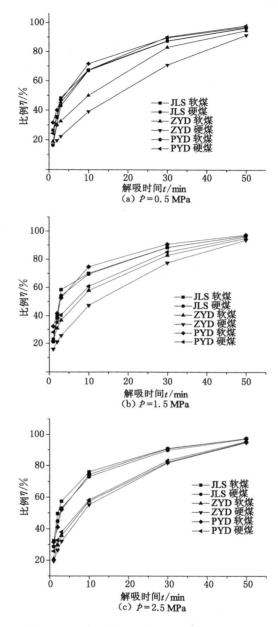

图 3-11 不同时间段瓦斯解吸量比例曲线图

增加,煤粒内孔隙结构发生一定的变化。当孔隙体积、孔隙比表面积增大时,尤其是伴随煤粒内部开放型微孔增加时,煤体瓦斯解吸量将增加。

以 JLS 煤样为例,测试结果表明:软煤的比表面积和孔体积均远大于硬煤,这使得软煤具有更强的吸附瓦斯能力的物质基础;同时,根据低温液氮法吸附/解吸实验可知,JLS 煤样微孔隙以开放型孔隙为主,这就使得软煤较硬煤在相同条件下具有更强的瓦斯解吸能力。这些因素的共同作用促使软煤相同时间内能够解吸更多的瓦斯。

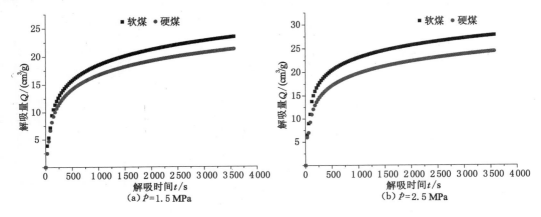

图 3-12　JLS 软、硬煤煤样瓦斯解吸量对比图

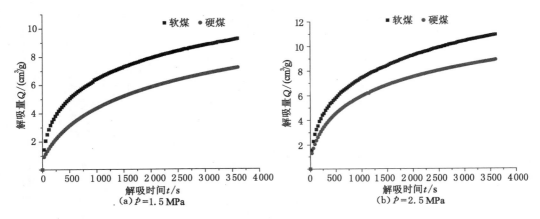

图 3-13　ZYD 软、硬煤煤样瓦斯解吸量对比图

3.6　变质程度对瓦斯解吸规律的影响

煤变质程度主要受地层高温、高地应力等综合因素的控制。煤化作用过程也是生烃过程，随着煤变质程度的增高，生成瓦斯量不断增加，使得煤层瓦斯含量不断增加，并在无烟煤阶段达到最大值。据索科洛夫等学者的研究，在整个成煤过程中，煤层瓦斯含量最高可达到 $420 \ m^3/t$ 左右。但由于地层的沉降、剥离等后期地质因素及覆盖层地质条件的影响，绝大部分瓦斯已逸散到古大气中。

成煤过程中，煤体从低煤阶煤转变为高煤阶煤，煤体本身的物理、化学性质发生了剧烈的变化，从而使得煤体的孔隙结构参数发生了明显的改变。现有研究成果表明，变质程度较高的煤体的孔隙以微孔、过渡孔和小孔为主，而变质程度较低的煤体的孔隙以中孔和大孔为主。本书 3.1.4 小节对孔隙结构参数的测定结果也证实了该论断。这些孔隙结构参数的变化影响着颗粒煤中瓦斯的解吸特性。

为考察变质程度对各煤样瓦斯解吸规律的影响情况，对不同变质程度煤样的瓦斯解吸量、解吸速度规律进行了实验研究。实验采用粒径为 1～3 mm、无水干燥的软煤煤样。受篇幅所限,仅对 3 种不同变质程度的软煤煤样在环境温度为 20 ℃、30 ℃和吸附平衡压力为 1.5 MPa、2.5 MPa 条件下的瓦斯解吸规律进行描述。

3.6.1　变质程度对瓦斯解吸量的影响

不同变质程度煤样瓦斯解吸量变化图如图 3-14 所示。从图 3-14 可以看出:

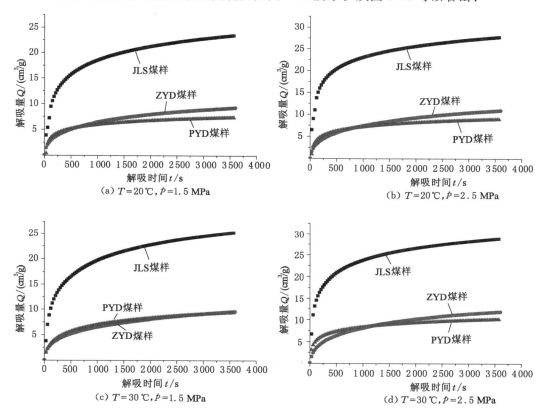

图 3-14　不同变质程度煤样瓦斯解吸量变化图

(1) 相同的温度和吸附平衡压力条件下,变质程度较高的 JLS 煤样相同时间内瓦斯解吸量远大于变质程度较低的其他两种煤样。由于中等变质程度的 ZYD 煤样与低变质程度的 PYD 煤样具有接近的吸附常数(a、b 值),两组煤样在相同的温度和吸附平衡压力条件下具有接近的瓦斯解吸量。

现有研究表明,煤的吸附常数 a 有随变质程度的增加而增大的趋势。究其原因,主要是煤变质程度对各种孔隙参数影响各不相同,其中,对大孔和中孔的比表面积影响最小,而对小孔的比表面积、孔体积影响较大,对微孔的比表面积影响最为明显。微孔越发育,煤体所具有的比表面积越大,按照朗缪尔单分子层吸附理论,其吸附常数 a 就越大。

本书 3.1.4 小节对孔隙结构参数的测定结果表明,不同变质程度煤样的比表面积从小到大依次为:气煤＜焦(瘦)煤＜无烟煤,孔体积从小到大依次为:气煤＜焦(瘦)煤＜无烟煤,平均孔径从大到小依次为:气煤＞焦(瘦)煤＞无烟煤。这说明随着煤变质程度的增高,微孔更加发育。煤样的比表面积和孔体积逐渐增大,这就决定了随着变质程度的增加,煤体将具有吸附更多瓦斯的物理基础。此外,对于同一变质程度的煤样,不同破坏类型煤样的比表面积和孔体积的测试结果表明:软煤的总比表面积和总孔体积均大于硬煤,这就导致软煤较硬煤具有更强的吸附瓦斯能力。

(2) 相同温度、不同吸附平衡压力条件下,无论变质程度高低,在相同的解吸时间内,各煤样瓦斯解吸量均具有随解吸时间延长而增加的趋势,但各煤样增幅不尽相同。以20 ℃条件下瓦斯解吸量为例,绘制了各煤样瓦斯解吸量变化图,如图 3-15 所示。

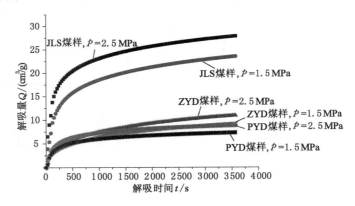

图 3-15　不同吸附平衡压力条件下各煤样瓦斯解吸量对比图

从图 3-15 可以看出,当煤样吸附平衡压力由 1.5 MPa 增加到 2.5 MPa 时,高变质程度的 JLS 煤样 60 min 内瓦斯解吸量增加了 4.3 cm³/g,中等变质程度的 ZYD 煤样 60 min 内瓦斯解吸量增加了 1.6 cm³/g,低变质程度的 PYD 煤样 60 min 内瓦斯解吸量增加了 1.7 cm³/g。就瓦斯解吸量绝对增量而言,变质程度较高的煤样远大于中、低变质程度的煤样;就瓦斯解吸量相对增量而言,3 种煤样的相对增量总体相近,以变质程度较低的 PYD 煤样最大。

对于不同变质程度的煤样而言,由于其内部孔隙结构不同,在吸附平衡压力增幅相同的情况下,开放型孔隙更多的 JLS 煤样在相同的时间内解吸更多的瓦斯,其瓦斯解吸量的绝对增量也最大;而变质程度相对较低的 ZYD 煤样和 PYD 煤样,其开放型孔隙相对较少,导致其瓦斯解吸量的绝对增量相对较小。

(3) 相同吸附平衡压力条件下,随温度的升高,不同变质程度煤样无论是瓦斯解吸量绝对增量还是相对增量,均出现了增加的趋势。以 JLS 和 PYD 的软煤煤样实验数据为例,绘制了不同温度条件下的瓦斯解吸量图,如图 3-16 所示。

上述现象的原因,主要是在相同吸附平衡压力的条件下,温度的升高使瓦斯的内能增加,导致甲烷分子活性增加,分子运动更加剧烈,瓦斯获得能量脱离孔隙表面的概率增加,从而使得相同时间内高温条件下瓦斯解吸量较低温条件下有所增加。

3.6.2　变质程度对瓦斯解吸速度的影响

根据不同条件下瓦斯解吸量变化情况,绘制了不同变质程度煤样的瓦斯解吸速度曲线图,如图 3-17 所示。

从图 3-17 可以看出,无论煤变质程度高低,各煤样瓦斯解吸速度均随解吸时间的延长而衰减,且在解吸前期(前 15 min 左右)这种趋势更为明显,解吸后期各煤样瓦斯解吸速度

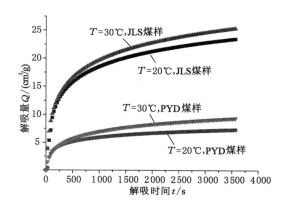

图 3-16　不同温度、不同变质程度煤样的瓦斯解吸量变化图

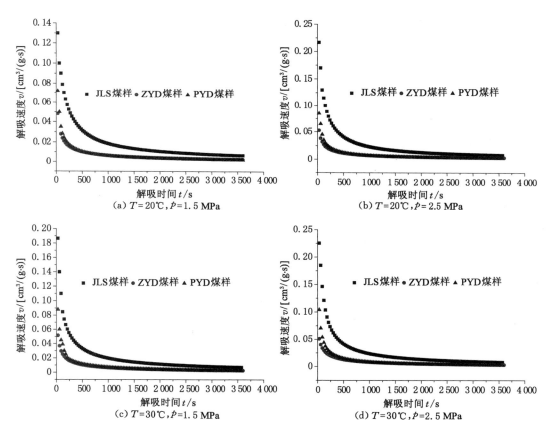

图 3-17　不同变质程度煤样的瓦斯解吸速度变化图

逐渐趋于稳定。高变质程度的 JLS 煤样瓦斯解吸速度衰减最快,低变质程度的 PYD 煤样和 ZYD 煤样的瓦斯解吸速度衰减相对较慢。

之所以会出现上述现象,主要是由于 JLS 煤样变质程度最高,在相同条件下瓦斯吸附量最大,在煤样开始解吸时,颗粒煤中甲烷分子浓度梯度较其他两种煤样要大。

从 3.1.4 小节对各煤样孔隙结构的测试结果可知:JLS 煤样的小孔、微孔较其他两种煤样更为发育,其比表面积和孔体积也最大,这使得JLS煤样具有更强的吸附瓦斯能力。此外,在各种孔隙中,JLS煤样开放型孔隙所占比例最高,这导致在瓦斯解吸初期,JLS煤样的瓦斯解吸速度较其他煤样要快;而在瓦斯解吸后期,微孔占优的JLS煤样孔隙内部瓦斯的进一步扩散和解吸需要途经半封闭型孔隙等扩散阻力较大的路径,这在一定程度上导致煤样瓦斯解吸速度衰减相应较快。

相同温度、不同吸附平衡压力条件下,不同变质程度煤样在瓦斯解吸前期,瓦斯压力对其解吸速度的影响较为明显。以JLS煤样和PYD煤样在20 ℃、不同吸附平衡压力条件下的解吸数据为例,绘制了其解吸速度变化图(见图3-18)。

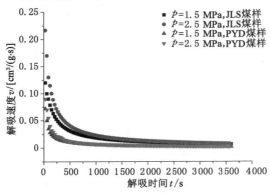

图3-18 不同变质程度煤样的瓦斯解吸速度变化图

从图3-18可以看出:在第5 min时,JLS煤样在吸附平衡压力为2.5 MPa时的瓦斯解吸速度为3.66 cm³/(g·min),在1.5 MPa时的瓦斯解吸速度为2.73 cm³/(g·min),瓦斯解吸速度降低了25%左右;而在第60 min时,JLS煤样在吸附平衡压力为2.5 MPa时的瓦斯解吸速度为0.47 cm³/(g·min),在1.5 MPa时的瓦斯解吸速度为0.40 cm³/(g·min)。对变质程度较高的JLS煤样而言,其前期(15 min左右)的瓦斯解吸速度是变质程度较低的PYD煤样的2倍以上。

3.7 煤样粒径对瓦斯解吸规律的影响

国内外学者针对颗粒煤粒径对瓦斯解吸规律的影响进行了大量的研究。杨其銮等研究认为,颗粒煤中存在一个极限粒径 d (极限粒径是煤中所固有的粒径,与煤样的破坏类型有关),在煤样粒径小于极限粒径 d 范围内,随着煤样粒径的增加,瓦斯解吸参数 v_1 (煤样第1 min的瓦斯解吸速度)和 K_B (待定常数)均减小,而当煤样粒径大于极限粒径 d 时,v_1 和 K_B 受粒径的影响将非常小;并认为煤屑的极限瓦斯解吸量与煤样粒径无关。国内部分学者通过实验和理论分析得到了类似的结论。日本学者渡边伊温认为在相同的吸附平衡压力条件下,煤样极限瓦斯解吸量与煤样粒径有关,并通过理论分析提出采用渐近线方法求取极限瓦斯解吸量。

本书通过对不同粒径煤样瓦斯解吸规律进行模拟实验,考察粒径对瓦斯解吸量、解吸速度的影响。受篇幅所限,仅对ZYD煤样瓦斯解吸情况进行分析。

3.7.1 煤样粒径对瓦斯解吸量的影响

采用粒径为 0.5～1 mm 和 0.17～0.25 mm、不同温度、不同吸附平衡压力的颗粒煤煤样瓦斯解吸量实验数据,绘制煤样的瓦斯解吸量规律图,如图 3-19 和图 3-20 所示。

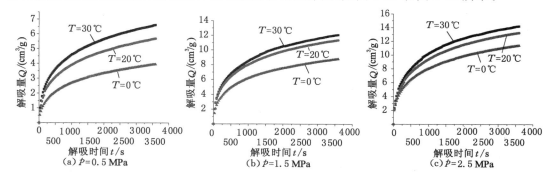

图 3-19　粒径为 0.5～1 mm、不同温度、不同吸附平衡压力下的煤样瓦斯解吸量变化图

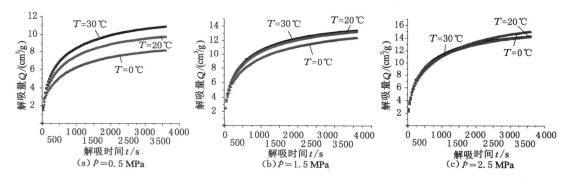

图 3-20　粒径为 0.17～0.25 mm、不同温度、不同吸附平衡压力下的煤样瓦斯解吸量变化图

由图 3-19 和图 3-20 可以发现:

① 0.17～0.25 mm 粒径煤样与 0.5～1 mm 粒径煤样相比,煤样瓦斯解吸规律类似:瓦斯解吸量随解吸时间的延长而增加,且呈单调增加的趋势;相同时间内温度对瓦斯解吸量有明显的影响,即随着温度的升高,煤样的瓦斯解吸量逐渐增加。

② 0.17～0.25 mm 粒径煤样瓦斯解吸规律和吸附平衡压力的关系与 0.5～1 mm 粒径煤样的相似,即随着吸附平衡压力的增加,温度对瓦斯解吸量的影响减弱。在吸附平衡压力为 0.5 MPa 时,温度对瓦斯解吸量的影响最为显著;随着吸附平衡压力的增加,温度对瓦斯解吸量影响的效果不断减弱。

③ 与 0.5～1 mm 粒径煤样相比,随着煤样粒径减小,在相同的吸附平衡压力条件下,温度对瓦斯解吸量的影响减弱。分析其原因,主要是随着煤样粒径的减小,煤体传热、传质的性能减弱,从而导致相同条件下粒径越小的煤样,瓦斯解吸过程中温度因素的影响越弱。

④ 随着煤样粒径的减小,低温条件下的瓦斯解吸量具有增加的趋势,且随着吸附平衡压力的增大,这种趋势更为明显。在吸附平衡压力为 2.5 MPa 时,粒径为 0.17～0.25 mm 的煤样在 0 ℃时的瓦斯解吸量超过了 20 ℃和 30 ℃时的瓦斯解吸量。

采用吸附平衡压力为 0.5 MPa、1.5 MPa、2.5 MPa 及不同温度和粒径的颗粒煤煤样瓦斯解吸量实验数据,绘制各煤样的瓦斯解吸量规律图,如图 3-21 至图 3-23 所示。

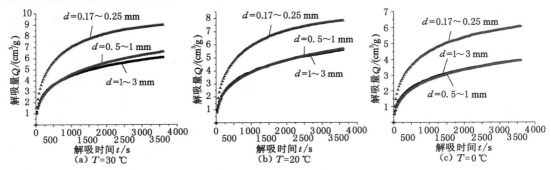

图 3-21 吸附平衡压力为 0.5 MPa、不同粒径、不同温度下的煤样瓦斯解吸量变化图

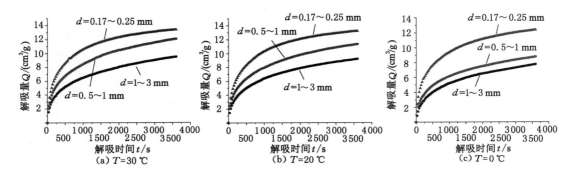

图 3-22 吸附平衡压力为 1.5 MPa、不同粒径、不同温度下的煤样瓦斯解吸量变化图

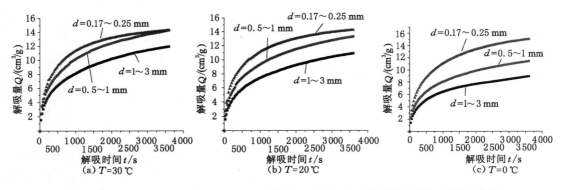

图 3-23 吸附平衡压力为 2.5 MPa、不同粒径、不同温度下的煤样瓦斯解吸量变化图

从图 3-21 至图 3-23 可以看出:

① 不同粒径、相同温度、不同吸附平衡压力下,瓦斯解吸规律总体呈现随着粒径增加瓦斯解吸量逐渐减小的趋势,尤其是在高压阶段(吸附平衡压力为 1.5 MPa、2.5 MPa)该规律更为明显。即粒径越小,在同一时间段内累计瓦斯解吸量越大。分析其原因,主要是随着煤样粒径的减小,瓦斯扩散阻力减小,导致相同时间内瓦斯解吸量增加。

② 在低压阶段(吸附平衡压力为 0.5 MPa)时,随着温度降低,1~3 mm 粒径煤样的瓦斯解吸量与较小粒径的煤样相比呈现逐渐增大趋势,但 0.17~0.25 mm 粒径煤样的瓦斯解

吸量总大于 0.5～1 mm 粒径煤样的瓦斯解吸量。这主要是由于随着粒径减小,煤粒内孔隙表面及煤基质内部甲烷分子分布更为均匀,密度更大,相同时间内解吸的瓦斯量更多;随着粒径减小,瓦斯扩散阻力也随之减小,这也导致相同条件下瓦斯解吸量变大。

③ 吸附平衡压力越低,温度对瓦斯解吸量的影响越强烈。

3.7.2　煤样粒径对瓦斯解吸速度的影响

根据不同粒径、不同温度和不同吸附平衡压力条件下的煤样瓦斯解吸量的变化情况,绘制了煤样粒径对瓦斯解吸速度的影响曲线图,如图 3-24 和图 3-25 所示。

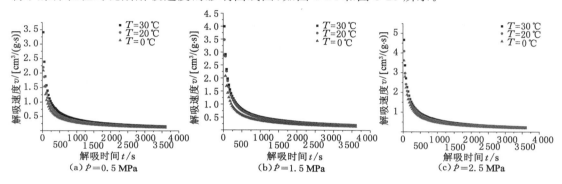

图 3-24　粒径为 0.5～1 mm、不同温度、不同吸附平衡压力下的煤样瓦斯解吸速度变化图

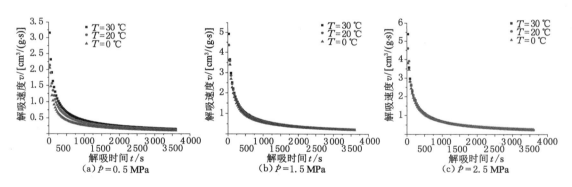

图 3-25　粒径为 0.17～0.25 mm、不同温度、不同吸附平衡压力下的煤样瓦斯解吸速度变化图

由图 3-24 和图 3-25 可以看出:

① 不同的环境温度和吸附平衡压力条件下,各粒径煤样瓦斯解吸规律相似。在相同的吸附平衡压力下,相同时间内温度对煤样的瓦斯解吸速度有明显的影响,煤样瓦斯解吸速度具有随着温度升高而加快的趋势。

② 随着吸附平衡压力的增加,温度对各粒径煤样瓦斯解吸速度的影响减弱。

③ 在相同的吸附平衡压力条件下,随着煤样粒径减小,温度对煤样瓦斯解吸速度的影响逐渐减弱。

④ 煤样粒径越小,其瓦斯解吸速度越快。分析其原因,主要是煤样粒径越小,同质量颗粒煤内孔隙的比表面积、孔体积越大,这就使得参与解吸的甲烷分子增多、甲烷分子浓度增加,从而导致瓦斯解吸速度增加。

4 颗粒煤瓦斯扩散规律与影响因素研究

本章通过对扩散的物理意义及影响因素的分析,讨论了颗粒煤中瓦斯的运移模式和扩散模型;基于颗粒煤瓦斯解吸规律实验研究成果,研究了不同条件下颗粒煤瓦斯扩散规律,探讨了颗粒煤中瓦斯扩散影响因素,为颗粒煤瓦斯扩散时效特性模型的建立奠定了基础。

一般认为煤中瓦斯解吸是扩散、渗透或者扩散与渗透并存的过程,颗粒煤中瓦斯流动形式究竟符合哪种过程,国内外学者众说纷纭。王佑安等学者从吸附动力学角度出发,认为瓦斯在微孔中扩散运动的速度要比在大孔和裂隙中渗透的速度小得多,并据此推断控制颗粒煤瓦斯解吸的关键是中孔-微孔中甲烷分子的扩散运动,认为采用菲克扩散定律描述颗粒煤中瓦斯解吸是较为妥当的。杨其銮等通过研究同样认为控制颗粒煤中瓦斯解吸的主要环节是瓦斯在微孔和中孔内的扩散运动,小孔隙数量比例越高,瓦斯扩散运动越显著;并认为颗粒煤中瓦斯扩散运动符合球向非稳定流场的菲克扩散方程。何学秋等研究表明,瓦斯从煤中微孔扩散至大孔或裂隙系统的过程中遵循菲克扩散定律,并根据克努森数 Kn 的大小,将瓦斯的扩散方式分为菲克型扩散、克努森型扩散和过渡型扩散,以及气体分子在煤体内的表面扩散、晶体扩散等。国外学者鲁肯施泰因(E. Ruckenstein)等根据孔径大小与气体扩散机制和扩散系数的关系,建立了二元扩散模型,克拉克森(C. R. Clarkson)等对该模型进行了修正和改进。虽然瓦斯扩散模型众多,但颗粒煤中瓦斯解吸受瓦斯扩散所控制的理论已得到广大学者的证明和认可。

本章通过对颗粒煤瓦斯解吸规律的分析,研究不同条件下煤样瓦斯扩散规律及各影响因素对瓦斯扩散系数的影响状况,为颗粒煤瓦斯扩散时效特性模型的构建奠定基础。

4.1 扩散的物理意义及影响因素

4.1.1 扩散的物理意义

扩散是物质内的质点运动的基本方式之一。当物质的温度高于-273.15 K 时,任何物质内的质点都将做热运动。当物质内存在梯度(浓度梯度、温度梯度和应力梯度等)时,由于物质内质点的热运动而导致的质点定向迁移即所谓的扩散。由此可知,扩散的过程也是一个传质的过程,扩散的物理本质是质点的无规则运动,且有使扩散物质区域均匀化的趋势。从扩散的微观机理解释,物质分子(原子)在其平衡位置做热运动,由于外界条件的变化,物质分子会从一个平衡位置跃到另外一个平衡位置,即可产生扩散。

分子扩散系数简称扩散系数,是决定扩散速度的重要参数,是物质特性常数之一。同一物质的扩散系数由扩散介质和扩散相的特性所决定,即主要随物质的种类、温度、压力及浓度的不同而变化。物质在不同条件下的扩散系数需要通过实验测定。

4.1.2　扩散的影响因素

影响物质扩散的因素主要包含内在因素和外在因素。内在因素主要由扩散介质的特性决定,这些特性包括物质的组织、结构、化学成分等;外在因素主要由扩散相的特性及所处的外部条件[温度、压力(压强)等]共同决定。

(1) 扩散介质的特性

现有研究表明,扩散介质的特性对扩散相的扩散具有一定的控制作用,具体表现为:

① 扩散介质的物性

扩散介质结构越紧密,扩散通道的数量和孔径越小,扩散越困难。

② 扩散介质与扩散相之间的物性差异

扩散介质与扩散相之间的物性差异越大,则越利于扩散相的扩散,扩散系数越大。这主要是由于两者差异越大,当扩散介质分子(原子)周边的力场发生畸变时,更易形成质点空位,从而降低扩散活化能,更利于扩散相的扩散,并最终导致扩散系数变大。

③ 扩散介质的结构

扩散介质的结构也在一定程度上控制扩散过程。例如,在晶体扩散中,晶体表面的扩散较内部扩散要快,该现象的出现主要由两者之间的吸附势等微观因素所决定。

(2) 扩散相的特性及外部条件

① 温度

随着扩散相和扩散介质温度的升高,扩散相的分子(原子)获得的内能越多,超越势垒的概率越大,从而导致扩散系数变大。

② 压力(压强)

对于气体扩散而言,压力越大,则扩散相的浓度越大,越利于扩散相的扩散。

③ 扩散相的浓度

扩散相的浓度越大,扩散系数越大,越利于扩散相的扩散。

④ 扩散相的性质

就扩散相微观结构而言,与其分子(原子)的极性、直径等有关;扩散相分子的极性越大,则与扩散介质间的引力越大,越不利于扩散。

对于煤中瓦斯的扩散,其影响因素主要是煤中孔径、甲烷分子自由程、温度、压力(压强)等。将甲烷视为理想气体,则其分子平均自由程为:

$$\lambda = \frac{kT}{\sqrt{2}\pi d_0^2 p} \tag{4-1}$$

式中　k ——玻尔兹曼常数,J/K,约等于 1.38×10^{-23} J/K;

　　　T ——绝对温度,K;

　　　d_0 ——分子有效直径,nm;

　　　p ——气体压力(压强),MPa。

由式(4-1)可以看出,甲烷分子平均自由程与压力(压强)成反比,与温度成正比。所以影响煤中瓦斯扩散的因素主要有瓦斯-煤体系的温度 T、瓦斯压力 p。此外,影响煤中孔隙分布的因素有孔径、孔隙的形状、煤的晶格特性、大分子结构等。

4.2 颗粒煤中瓦斯的运移模式

瓦斯在颗粒煤中的运移模式尚存在较大争议。部分学者认为颗粒煤中瓦斯存在解吸-扩散-渗透3个相关联的过程,另一些学者认为瓦斯在颗粒煤中的运移是一个扩散-渗透的过程。

瓦斯在煤中的流动状态是由瓦斯赋存空间的孔隙结构参数控制的。煤中孔隙尺度相差巨大,小到孔径只有几纳米的微孔(其孔径与甲烷分子直径相当),大到肉眼可见的裂隙。我国广泛采用的是苏联学者霍多特提出的孔隙分类方法。该分类方法按照孔径大小,将煤中孔隙分为以下5类:

① 微孔——孔径小于 10 nm,构成瓦斯吸附空间,且孔径不可压缩,主要在成煤过程中形成;

② 小孔——孔径为 10~100 nm,构成瓦斯扩散空间;

③ 中孔——孔径为 0.1~1 μm,构成瓦斯层流渗透空间;

④ 大孔——孔径为 1~100 μm,构成瓦斯强烈渗流空间;

⑤ 裂隙——孔径大于 100 μm,构成瓦斯层流和紊流空间。

瓦斯解吸主要发生在孔隙的表面,甲烷分子在煤内孔隙的解吸属于物理变化,解吸过程可以瞬间完成,相对整个瓦斯扩散过程,解吸所用时间可忽略不计。扩散过程是瓦斯在煤粒表面、孔隙和晶格内,以浓度梯度为驱动力发生的一种定向运动,是一个相对较为缓慢的过程,符合菲克扩散定律。一般认为渗透过程发生在煤层中,即瓦斯在大孔-裂隙系统内、受瓦斯压力作用产生的瓦斯流动过程,该过程符合达西定律。

对于颗粒煤而言,瓦斯在大孔和中孔内的流动速度要比微孔和小孔中快得多,在大孔和中孔内很难形成压力差,不具备产生渗透的力学条件,故可以认为瓦斯在颗粒煤中的运移是以扩散形态进行的。国内外众多学者认为,描述瓦斯的这种运移规律采用菲克扩散定律较为合适。

菲克扩散定律是描述气体扩散现象的宏观规律,它是生理学家菲克(N. Fick)于 1855 年发现的。菲克认为:扩散运动是分子的自由运动引起的,其动力来自分子浓度梯度,扩散过程是一个扩散相分子由高浓度区域向低浓度区域运移的过程;在单位时间内通过垂直于扩散方向的单位截面积的扩散相流量(称为扩散通量,用 J 表示)与该截面处的浓度梯度成正比。也就是说,浓度梯度越大,扩散通量也越大,这就是菲克第一定律,采用数学公式表述为:

$$J = -D\frac{\mathrm{d}c}{\mathrm{d}x} \quad 或 \quad v = -D\frac{\partial c}{\partial x} \tag{4-2}$$

式中　　J——扩散通量,$kg/(cm^2 \cdot s)$;

　　　　v——扩散流体通过单位截面积的扩散速度,$g/(cm^2 \cdot s)$;

　　　　$\dfrac{\mathrm{d}c}{\mathrm{d}x}, \dfrac{\partial c}{\partial x}$——沿扩散方向的浓度梯度;

　　　　c——扩散流体浓度,g/cm^3;

　　　　D——扩散系数,cm^2/s。

在三向非稳定流场环境下,根据连续性原理和质量守恒定律,把菲克第一定律进行转

换,即可推导出菲克第二扩散定律:

$$\frac{\partial c}{\partial t} = \frac{\partial}{\partial x}\left(D\frac{\partial c}{\partial x}\right) + \frac{\partial}{\partial y}\left(D\frac{\partial c}{\partial y}\right) + \frac{\partial}{\partial z}\left(D\frac{\partial c}{\partial z}\right) \tag{4-3}$$

式中　　t——时间,s;

　　　　$\frac{\partial c}{\partial x}, \frac{\partial c}{\partial y}, \frac{\partial c}{\partial z}$——分别为对应于笛卡尔坐标系$(x,y,z)$中的浓度梯度。

4.3　颗粒煤中瓦斯的扩散模型

煤是一种结构极其复杂的孔隙-裂隙介质体。孔隙-裂隙体系中瓦斯的不规则热运动,导致颗粒煤中瓦斯的扩散行为。瓦斯在颗粒煤中的扩散属于细孔扩散。根据林瑞泰等的研究,可以通过计算孔隙直径与气体分子自由程比值(克努森数)的方法,确定气体分子在孔隙中的扩散模式,并细分为菲克型扩散、克努森型扩散和过渡型扩散(见图4-1)。

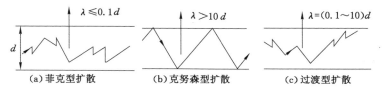

图 4-1　颗粒煤中瓦斯扩散模型

克努森数计算方法如下式所示:

$$Kn = \frac{d}{\lambda} \tag{4-4}$$

式中　　Kn——克努森数;

　　　　d——孔隙平均直径,nm;

　　　　λ——气体分子平均自由程,nm。

常温常压条件下,甲烷分子的平均自由程为53.1 nm。当$Kn \geqslant 10$时,以甲烷为主的瓦斯可以在孔隙内部自由运动,其运动遵循菲克定律,扩散类型为菲克型扩散。当$Kn < 0.1$时,甲烷分子平均自由程远大于孔隙直径,将导致甲烷分子不能自由地在孔隙中运动,其扩散类型不再为菲克型扩散,已转变为克努森型扩散。当$0.1 \leqslant Kn < 10$时,甲烷分子的平均自由程与孔隙直径接近,此时的扩散为介于菲克型扩散与克努森型扩散之间的过渡型扩散。当瓦斯压力足够大、甲烷分子平均自由程与孔隙直径接近时,瓦斯将进入孔隙空间并发生晶体扩散,但此部分瓦斯所占的比例非常小。

(1) 菲克型扩散

菲克型扩散属于典型的气体分子无规则运动模型,可采用菲克第一定律描述。同时,煤内部孔隙形状各异且受地应力等因素致使孔隙压缩,瓦斯扩散的阻力增加,从而导致瓦斯扩散通量减小。菲克型扩散的有效扩散系数定义为:

$$D_{fe} = D_f \frac{\theta}{\tau} \tag{4-5}$$

式中　　D_{fe}——瓦斯在煤层内的有效扩散系数,m^2/s;

　　　　θ——有效表面孔隙率;

τ —— 曲折因子;

D_f —— 菲克型扩散流体的自由扩散系数,m^2/s,由式(4-6)计算得到。

$$D_f = \frac{\overline{u}_A}{3} \cdot \lambda \tag{4-6}$$

式中 $\overline{u}_A$ —— 瓦斯的均方根速度,m/s。

$$\overline{u}_A = \sqrt{\frac{8RT}{\pi M}} \tag{4-7}$$

式中 M —— 甲烷的摩尔质量,kg/mol;

R —— 摩尔气体常数。

由式(4-5)可以推断,菲克型扩散的有效扩散系数 D_{fe} 主要取决于煤的孔隙结构特性;由式(4-6)、式(4-7)及式(4-1)可知,瓦斯在煤孔隙(主要是大孔)中的菲克型扩散主要受温度和压力控制。

(2)克努森型扩散

克努森型扩散是由壁面的散射作用导致的甲烷分子扩散,其自由扩散系数可由式(4-8)计算得到:

$$D_k = \frac{2d}{3}\sqrt{\frac{8RT}{\pi M}} \tag{4-8}$$

综合考虑曲折因子导致的孔隙孔径变小等因素,可以推导出其有效扩散系数:

$$D_{ke} = \frac{D_k}{\tau} = \frac{8\theta^2}{3\tau S\rho}\sqrt{\frac{2RT}{\pi M}} \tag{4-9}$$

式中 ρ —— 煤的密度,kg/m^3;

S —— 孔隙有效截面积,cm^2。

从式(4-9)可以看出,克努森型扩散主要与煤层温度、煤的结构等因素有关,而与气体压力无关。

(3)过渡型扩散

当甲烷分子的平均自由程与孔隙直径较为接近时,分子间碰撞与分子和孔隙壁面的碰撞比例基本相当,甲烷分子的扩散将受菲克型扩散和克努森型扩散的共同制约,即转化为过渡型扩散,其对应的有效扩散系数 D_{pe} 为:

$$\frac{1}{D_{pe}} = \frac{1}{D_{fe}} + \frac{1}{D_{ke}} \tag{4-10}$$

(4)颗粒煤的有效扩散系数

颗粒煤中的孔隙结构极其复杂,不可能只采用一种扩散模型描述。霍斯特(Y. F. Houst)等给出了多孔介质的复合扩散系数:

$$D_h\varepsilon = \varepsilon_1 D_f + \varepsilon_2 D_k + \varepsilon_3 D_{pe} \tag{4-11}$$

式中 ε_1 —— 菲克扩散孔孔隙率;

ε_2 —— 克努森扩散孔孔隙率;

ε_3 —— 过渡区扩散孔孔隙率;

ε —— 多孔介质材料总孔隙率,可用下式计算:

$$\varepsilon = \varepsilon_1 + \varepsilon_2 + \varepsilon_3 \tag{4-12}$$

由于煤内孔隙结构的复杂性,瓦斯的扩散系数受扩散模型、孔隙率、孔隙结构等综合控制。则瓦斯在煤中的有效扩散系数为：

$$D_e = \frac{D_h \varepsilon}{\tau} \tag{4-13}$$

式中　D_e——瓦斯在煤中的有效扩散系数。

　　在井下瓦斯含量测定过程中，所采集的煤样受到取样过程中的机械破碎、环境温度等多种因素的影响，因而颗粒煤中的瓦斯扩散很难采用某一种扩散模型描述。且在煤样解吸的过程中，各因素不断变化，导致颗粒煤中瓦斯扩散模式和扩散系数随时变化，这也在一定程度上导致瓦斯扩散系数具有时效特性。

4.4　不同条件下颗粒煤瓦斯扩散规律

　　根据本书第 3 章的研究内容，通过计算可以得到不同实验条件下的颗粒煤瓦斯扩散系数。在此基础上，分析各因素对颗粒煤瓦斯扩散系数的影响，为颗粒煤瓦斯扩散时效特性的研究奠定基础。

4.4.1　吸附平衡压力对瓦斯扩散系数的影响

　　关于吸附平衡压力对瓦斯扩散系数的影响，目前尚未形成统一认识。部分学者认为瓦斯扩散系数与吸附平衡压力无关，仅与瓦斯浓度、温度等有关。而部分学者认为瓦斯扩散系数随吸附平衡压力的增大而增大，主要是颗粒煤对瓦斯的非线性吸附所致；也有学者认为瓦斯扩散系数随吸附平衡压力的增大而减小。

　　众多学者对颗粒煤瓦斯扩散系数的求取方法进行了研究。一般是以菲克扩散定律为理论基础，通过实验测定不同时刻的瓦斯解吸量，求取瓦斯扩散系数。常采用的方法有 3 种：（1）聂百胜等在分析 $\ln(1-Q_t/Q_\infty)$ 与解吸时间 t 关系的基础上，通过绘制 $\ln(1-Q_t/Q_\infty)$-t 关系曲线，求取斜率 λ 与截距 $\ln A$，再通过对 $-\lambda = -\pi^2 D/r^2$ 的计算，即可求取瓦斯扩散系数 D。该方法计算简便，应用较为广泛。（2）以杨其銮为代表提出的一类计算方法。该计算方法通过求取 $\ln[1-(Q_t/Q_\infty)^2]$ 与解吸时间 t 关系曲线的斜率 K_B，进而求取瓦斯扩散系数 D。（3）部分学者以巴雷尔式为基础，认为瓦斯解吸量 Q_t 与解吸时间 t 具有 $Q_t = K\sqrt{t}$ 的关系，通过求取直线斜率得到颗粒煤瓦斯扩散系数。但该方法对于解吸时间较长的煤样，存在较大的计算误差。部分学者认为（1）与（2）方法存在差异：

　　在方法（1）中：

$$\ln\left(1-\frac{Q_t}{Q_\infty}\right) = -\lambda t + \ln A \tag{4-14}$$

$$\frac{Q_t}{Q_\infty} = 1 - 6\sum_{n=1}^{\infty} \frac{6(\beta_n \cos\beta_n - \sin\beta_n)^2}{\beta_n^2(\beta_n^2 - \beta_n \sin\beta_n \cos\beta_n)} e^{-\beta_n^2 F_0} \tag{4-15}$$

$$A = \frac{6(\beta_1 \cos\beta_1 - \sin\beta_1)^2}{\beta_1^2(\beta_1^2 - \beta_1 \sin\beta_1 \cos\beta_1)}$$

$$\lambda = \beta_1^2 \frac{D}{r_0^2}$$

式中　Q_t——t 时刻瓦斯解吸量，cm³；

　　　　Q_∞——极限瓦斯解吸量，按式（3-6）计算，cm³；

β_n——超越方程 $\tan \beta = \dfrac{D\beta}{D - \alpha r_0} = \dfrac{\beta}{1 - Bi}$ 的一系列特征解，$Bi = \dfrac{\alpha r_0}{D}$，为传质毕欧准数。

而在方法（2）中：

$$\frac{Q_t}{Q_\infty} = 6 \left(\frac{Dt}{a^2}\right)^{1/2} \left(\pi^{1/2} + 2\sum_{n=1}^{\infty} \mathrm{ierf}\, \frac{cna}{\sqrt{Dt}}\right) - \frac{3Dt}{a^2} \tag{4-16}$$

在方法（2）的计算过程中，需要舍弃掉其中的误差函数和最后一项，进行简化从而得到 $Q_t/Q_\infty = K\sqrt{t}$ 的公式。但在舍弃误差函数和最后一项时，是从数值计算角度出发的，并据此认为该公式只能适用于 $Q_t/Q_\infty \leqslant 0.5$ 的条件下，即在瓦斯解吸前一段时间（尤其是前 10 min）计算值较为准确，后期的计算误差将不断加大。然而，并未见文献对误差项引起的误差进行探讨，且笔者认为所谓的该公式仅适用于 $Q_t/Q_\infty \leqslant 0.5$ 的条件，主要是在计算过程中采取定扩散系数造成的。此外，当 $t \to \infty$ 时，误差项趋于零，瓦斯解吸量趋于零，符合瓦斯解吸实际情况。因此，可以认为该使用条件并非由于误差项所引起，而是由于模型所建立的基础存在缺陷。

因此，为方便起见，本书在计算瓦斯扩散系数时，采用第（1）种计算方式。由此分析得到不同吸附平衡压力条件下各煤样的瓦斯扩散规律如表 4-1 和图 4-2 所示。

表 4-1 吸附平衡压力与瓦斯扩散系数关系表

煤样名称	吸附平衡压力 p/MPa	拟 合 公 式	瓦斯扩散系数 D/(cm²/s)	相关系数 R
JLS 软煤	2.5	$\ln(1 - Q_t/Q_\infty) = -7.918\,58 \times 10^{-4} t - 0.743\,58$	8.03×10^{-7}	0.974
	1.5	$\ln(1 - Q_t/Q_\infty) = -7.061\,27 \times 10^{-4} t - 0.626\,93$	7.16×10^{-7}	0.966
	0.5	$\ln(1 - Q_t/Q_\infty) = -5.645\,23 \times 10^{-4} t - 0.563\,62$	5.73×10^{-7}	0.965
JLS 硬煤	2.5	$\ln(1 - Q_t/Q_\infty) = -4.024\,66 \times 10^{-4} t - 0.561\,97$	4.08×10^{-7}	0.943
	1.5	$\ln(1 - Q_t/Q_\infty) = -3.915\,07 \times 10^{-4} t - 0.729\,94$	3.97×10^{-7}	0.952
	0.5	$\ln(1 - Q_t/Q_\infty) = -3.795\,99 \times 10^{-4} t - 0.618\,89$	3.85×10^{-7}	0.949
ZYD 软煤	2.5	$\ln(1 - Q_t/Q_\infty) = -2.734\,22 \times 10^{-4} t - 0.363\,88$	2.77×10^{-7}	0.960
	1.5	$\ln(1 - Q_t/Q_\infty) = -2.386\,05 \times 10^{-4} t - 0.345\,47$	2.42×10^{-7}	0.962
	0.5	$\ln(1 - Q_t/Q_\infty) = -1.987\,48 \times 10^{-4} t - 0.334\,25$	2.02×10^{-7}	0.948
ZYD 硬煤	2.5	$\ln(1 - Q_t/Q_\infty) = -1.570\,91 \times 10^{-4} t - 0.245\,19$	1.59×10^{-7}	0.956
	1.5	$\ln(1 - Q_t/Q_\infty) = -1.531\,55 \times 10^{-4} t - 0.173\,12$	1.55×10^{-7}	0.953
	0.5	$\ln(1 - Q_t/Q_\infty) = -1.450\,44 \times 10^{-4} t - 0.155\,62$	1.47×10^{-7}	0.956
PYD 软煤	2.5	$\ln(1 - Q_t/Q_\infty) = -6.719\,69 \times 10^{-4} t - 0.701\,97$	6.82×10^{-7}	0.957
	1.5	$\ln(1 - Q_t/Q_\infty) = -4.963\,43 \times 10^{-4} t - 0.751\,56$	5.03×10^{-7}	0.949
	0.5	$\ln(1 - Q_t/Q_\infty) = -4.106\,91 \times 10^{-4} t - 0.723\,68$	4.17×10^{-7}	0.935
PYD 硬煤	2.5	$\ln(1 - Q_t/Q_\infty) = -1.224\,13 \times 10^{-4} t - 0.236\,58$	1.24×10^{-7}	0.952
	1.5	$\ln(1 - Q_t/Q_\infty) = -1.068\,94 \times 10^{-4} t - 0.239\,5$	1.08×10^{-7}	0.932
	0.5	$\ln(1 - Q_t/Q_\infty) = -9.446\,92 \times 10^{-5} t - 0.245\,82$	9.58×10^{-8}	0.901

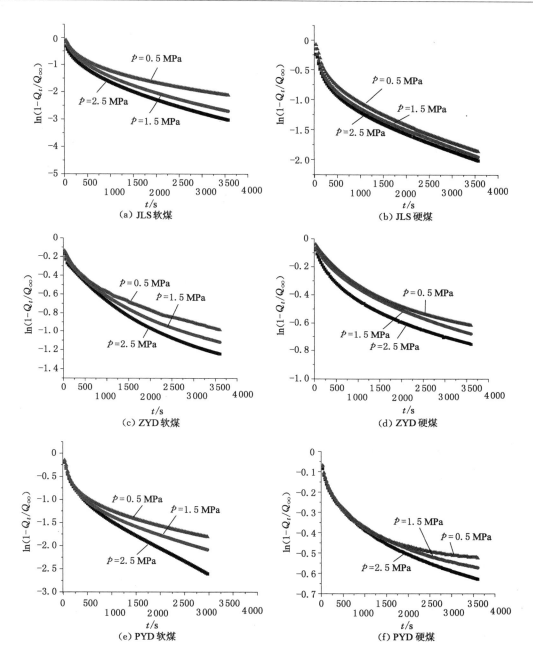

图 4-2　不同吸附平衡压力条件下各煤样的瓦斯扩散规律图

根据计算得到的各煤样瓦斯扩散系数,绘制了各煤样瓦斯扩散系数与吸附平衡压力关系图,如图 4-3 所示。

从图 4-3 和表 4-1 可以看出,瓦斯扩散系数 D 随着吸附平衡压力 p 的增加而增大,两者总体表现为 $D(p) = A_1 + A_2 p$ 的线性关系(A_1,A_2 为待定系数),且相关系数均达到 0.9 以上。同一变质程度的煤样,软煤的瓦斯扩散系数总是大于硬煤的瓦斯扩散系数,且软煤较硬

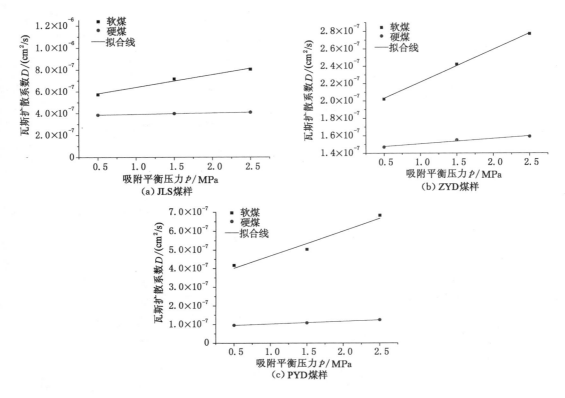

图 4-3 吸附平衡压力与瓦斯扩散系数关系图

煤的瓦斯扩散系数对吸附平衡压力更为敏感,宏观表现为相同时间内软煤的瓦斯解吸量比硬煤的大,这也可以解释为何软煤更容易发生瓦斯突出。

气体压力在微观上反映的是分子间互相碰撞的剧烈程度。气体压力越高,分子做无规则运动的趋势越强烈。对于颗粒煤中的甲烷分子,初始吸附平衡压力越大,其运动越剧烈,具有的动能越大,脱离孔隙表面进入孔隙的概率也会越大。外在表现即随着吸附平衡压力的增大,瓦斯扩散系数随之增大,相同时间内瓦斯解吸量和解吸速度越大。

从分子运动论的角度分析,当吸附平衡压力增大时,甲烷分子撞击煤体孔隙表面的概率将增加,在煤孔隙表面的密度也将增大;瓦斯开始解吸的初期,在颗粒煤孔隙表面甲烷分子具有较高密度的条件下,颗粒煤表面与外界存在较大的甲烷浓度梯度,导致瓦斯扩散速度较大;随着瓦斯解吸时间的延长,孔隙表面甲烷分子的密度不断减小,甲烷分子浓度梯度不断降低,导致瓦斯扩散系数不断降低,外在表现为瓦斯解吸量和解吸速度不断降低。此外,由于颗粒煤内部孔隙结构的复杂性,在较高的瓦斯压力作用下,开放型孔隙内的瓦斯首先扩散出来,导致颗粒煤瓦斯扩散系数较大;而一端封闭型等较为封闭的孔隙,其表面瓦斯要扩散至孔隙内则需要克服的阻力较开放型孔隙要大得多,也在一定程度上影响了解吸后期颗粒煤的瓦斯扩散速度和扩散系数。

4.4.2 温度对瓦斯扩散系数的影响

为了得到不同温度条件下瓦斯扩散系数的变化情况,对 ZYD 煤样在不同温度条件下的扩散规律进行了研究,由此得到不同温度条件下各煤样的瓦斯扩散规律变化图,如图 4-4 所示。

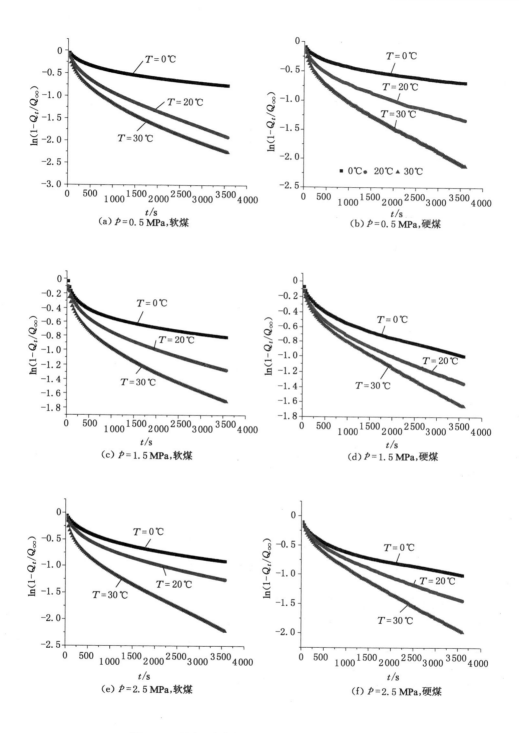

图 4-4 不同温度条件下各煤样的瓦斯扩散规律图

根据计算得到的瓦斯扩散系数，绘制了 ZYD 煤样的瓦斯扩散系数与温度关系图，如图 4-5 所示。

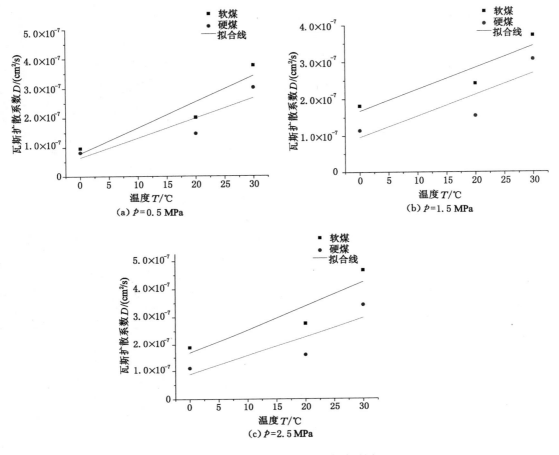

图 4-5　瓦斯扩散系数与温度关系图

从图 4-5 和表 4-2 可以看出，无论是软煤还是硬煤，颗粒煤瓦斯扩散系数 D 均具有随着温度 T 的升高而不断增大的趋势，且两者基本上呈现 $D(T) = B_1 + B_2 T$ 的线性关系（B_1，B_2 为待定系数）。

关于瓦斯扩散系数随温度升高而增大的机理，王德明等认为随着温度的升高，颗粒煤内的孔隙周边会被氧化或受热膨胀而逐渐变大，且随着煤中部分物质被氧化，新的孔隙逐渐产生并不断扩张，煤中的孔隙结构趋于均匀化，即高温条件下小孔隙的扩张速度比大孔隙快，且造成大孔隙不断增多，从而利于瓦斯扩散。

温度是分子热运动的外在体现。煤体-甲烷体系温度越高，甲烷分子的热运动越剧烈、动能越高，被吸附的甲烷分子获得能量脱离煤孔隙表面而发生解吸的概率越大。从分子运动论的观点来看，在同一吸附平衡压力条件下，随着温度的升高，瓦斯的内能增加，动能也随之增加，甲烷分子在颗粒煤孔隙表面的滞留时间缩短，煤体对瓦斯的吸附能力降低。宏观表现为颗粒煤的瓦斯吸附量减少，解吸量及解吸速度增加，其实质是瓦斯扩散系数增大所致。

表 4-2　温度与瓦斯扩散系数关系表

煤样	吸附平衡压力 p/MPa	T/℃	拟 合 公 式	瓦斯扩散系数 D/(cm²/s)	相关系数 R
软煤	0.5	0	$\ln(1-Q_t/Q_\infty) = -9.570\,52 \times 10^{-5}T - 0.499\,89$	9.692×10^{-8}	0.985
		20	$\ln(1-Q_t/Q_\infty) = -1.987\,48 \times 10^{-4}T - 0.334\,25$	2.020×10^{-7}	0.958
		30	$\ln(1-Q_t/Q_\infty) = -3.449\,95 \times 10^{-4}T - 0.262\,67$	3.772×10^{-7}	0.952
	1.5	0	$\ln(1-Q_t/Q_\infty) = -1.687\,40 \times 10^{-4}T - 0.296\,51$	1.817×10^{-7}	0.963
		20	$\ln(1-Q_t/Q_\infty) = -2.386\,05 \times 10^{-4}T - 0.345\,47$	2.420×10^{-7}	0.967
		30	$\ln(1-Q_t/Q_\infty) = -3.663\,34 \times 10^{-4}T - 0.389\,28$	3.716×10^{-7}	0.981
	2.5	0	$\ln(1-Q_t/Q_\infty) = -1.858\,58 \times 10^{-4}T - 0.365\,33$	1.887×10^{-7}	0.949
		20	$\ln(1-Q_t/Q_\infty) = -2.734\,22 \times 10^{-4}T - 0.363\,88$	2.770×10^{-7}	0.970
		30	$\ln(1-Q_t/Q_\infty) = -4.588\,93 \times 10^{-4}T - 0.386\,46$	4.654×10^{-7}	0.983
硬煤	0.5	0	$\ln(1-Q_t/Q_\infty) = -8.497\,01 \times 10^{-5}T - 0.257\,27$	8.198×10^{-8}	0.948
		20	$\ln(1-Q_t/Q_\infty) = -1.450\,44 \times 10^{-4}T - 0.155\,62$	1.470×10^{-7}	0.957
		30	$\ln(1-Q_t/Q_\infty) = -2.891\,05 \times 10^{-4}T - 0.527\,56$	3.023×10^{-7}	0.984
	1.5	0	$\ln(1-Q_t/Q_\infty) = -1.027\,44 \times 10^{-4}T - 0.340\,21$	1.149×10^{-7}	0.925
		20	$\ln(1-Q_t/Q_\infty) = -1.531\,55 \times 10^{-4}T - 0.173\,12$	1.550×10^{-7}	0.969
		30	$\ln(1-Q_t/Q_\infty) = -3.523\,92 \times 10^{-4}T - 0.552\,93$	3.174×10^{-7}	0.964
	2.5	0	$\ln(1-Q_t/Q_\infty) = -1.072\,28 \times 10^{-4}T - 0.281\,27$	1.100×10^{-7}	0.949
		20	$\ln(1-Q_t/Q_\infty) = -1.570\,91 \times 10^{-4}T - 0.245\,19$	1.590×10^{-7}	0.956
		30	$\ln(1-Q_t/Q_\infty) = -4.216\,30 \times 10^{-4}T - 0.551\,47$	3.632×10^{-7}	0.977

此外,随着温度的升高,软煤的瓦斯扩散系数总体上大于硬煤的瓦斯扩散系数,主要原因在于软煤在地质运动过程中经受了挤压、揉搓等破坏作用,其孔隙结构较硬煤发生了一定程度的变化,孔隙更为发育。

4.4.3　变质程度对瓦斯扩散系数的影响

以不同条件下瓦斯解吸量和解吸速度变化情况为基础,根据聂百胜等提出的求解方法,计算并绘制了不同解吸条件下不同变质程度煤样的瓦斯扩散特征图(见图 4-6),给出了变质程度与煤样瓦斯扩散系数的关系(见表 4-3 和图 4-7)。

从图 4-6、图 4-7 和表 4-3 可以看出,不同变质程度煤样的瓦斯扩散规律总体表现为:高变质程度煤样和低变质程度煤样的瓦斯扩散系数高于中等变质程度煤样的瓦斯扩散系数,且瓦斯扩散系数与煤样变质程度间表现为"V"形关系,即瓦斯扩散系数随着变质程度的增高具有先减小后增大的趋势。张登峰等通过实验研究证明,煤样瓦斯扩散系数与煤阶之间存在"U"形关系。

变质作用和变形作用在同一煤样成煤过程中是密不可分的。高变质程度的 JLS 煤样在变质过程中,孔隙结构的变形也更为复杂,小孔、微孔更为发育,大孔相对较少,在瓦斯解吸过程中即表现为瓦斯扩散性较强;变质程度中等的 ZYD 煤样,在一定的变质、变形作用下,中孔相对增加,瓦斯扩散性降低;PYD 煤样虽然中孔较 JLS 煤样也有所增加,但其开放

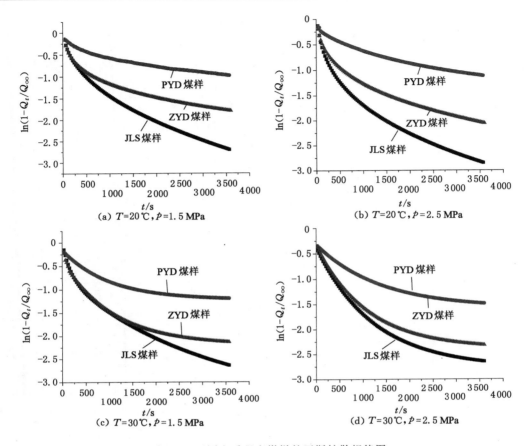

图 4-6　不同变质程度煤样的瓦斯扩散规律图

型孔隙较 ZYD 煤样要占优，因而扩散性比 ZYD 煤样要强。这也是煤样瓦斯扩散系数与变质程度之间表现为"V"形关系的微观原因。

表 4-3　变质程度与瓦斯扩散系数关系表

煤样名称	温度 $T/℃$	吸附平衡压力 p/MPa	拟 合 公 式	瓦斯扩散系数 $D/(cm^2/s)$	相关系数 R
JLS 煤样	20	1.5	$\ln(1-Q_t/Q_\infty) = -7.061\,27 \times 10^{-4}t - 0.626\,93$	7.16×10^{-7}	0.991
		2.5	$\ln(1-Q_t/Q_\infty) = -7.918\,58 \times 10^{-4}t - 0.743\,58$	8.03×10^{-7}	0.994
	30	1.5	$\ln(1-Q_t/Q_\infty) = -7.723\,04 \times 10^{-4}t - 0.545\,48$	7.83×10^{-7}	0.994
		2.5	$\ln(1-Q_t/Q_\infty) = -1.030\,02 \times 10^{-3}t - 0.563\,50$	1.04×10^{-06}	0.976
ZYD 煤样	20	1.5	$\ln(1-Q_t/Q_\infty) = -2.386\,05 \times 10^{-4}t - 0.345\,47$	2.42×10^{-7}	0.978
		2.5	$\ln(1-Q_t/Q_\infty) = -2.734\,22 \times 10^{-4}t - 0.363\,88$	2.77×10^{-7}	0.980
	30	1.5	$\ln(1-Q_t/Q_\infty) = -3.663\,34 \times 10^{-4}t - 0.389\,28$	3.72×10^{-7}	0.991
		2.5	$\ln(1-Q_t/Q_\infty) = -4.588\,93 \times 10^{-4}t - 0.386\,46$	4.65×10^{-7}	0.993

表 4-3(续)

煤样名称	温度 $T/℃$	吸附平衡压力 p/MPa	拟　合　公　式	瓦斯扩散系数 $D/(cm^2/s)$	相关系数 R
PYD煤样	20	1.5	$\ln(1-Q_t/Q_\infty) = -6.719\,69\times10^{-4}t - 0.701\,97$	5.03×10^{-7}	0.983
		2.5	$\ln(1-Q_t/Q_\infty) = -4.963\,43\times10^{-4}t - 0.751\,56$	6.82×10^{-7}	0.959
	30	1.5	$\ln(1-Q_t/Q_\infty) = -8.647\,77\times10^{-4}t - 0.370\,16$	7.17×10^{-7}	0.991
		2.5	$\ln(1-Q_t/Q_\infty) = -8.830\,96\times10^{-4}t - 0.811\,04$	8.94×10^{-7}	0.975

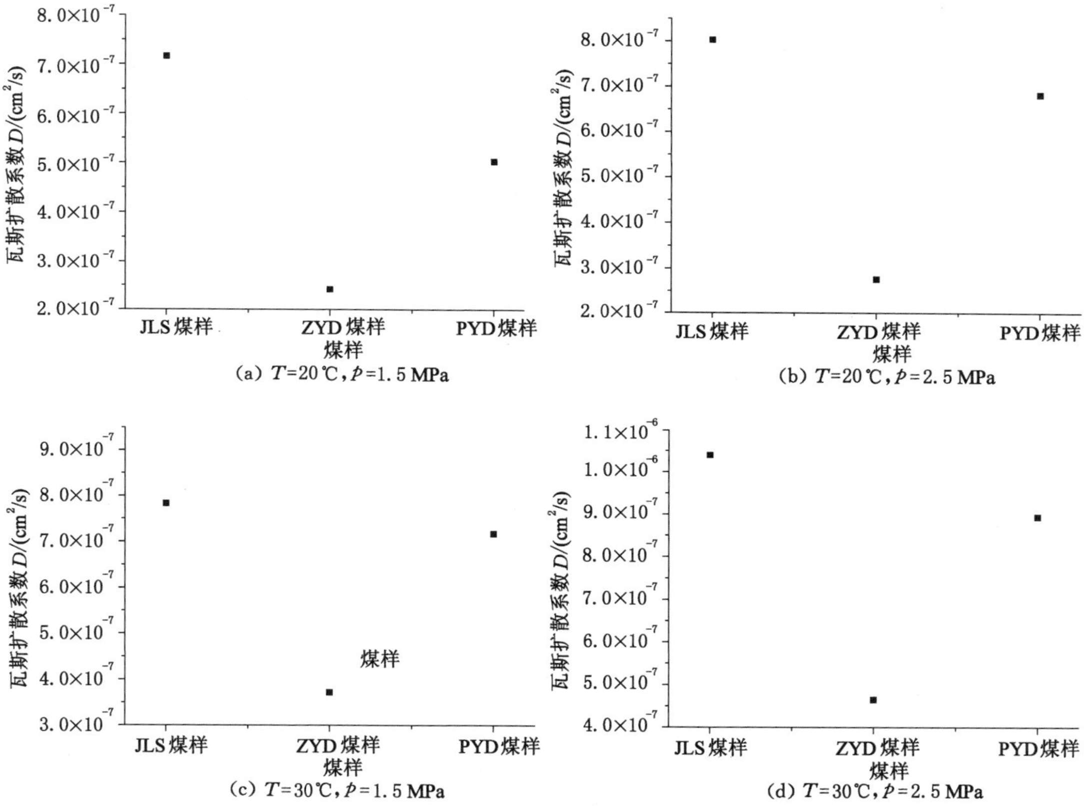

图 4-7　煤变质程度与瓦斯扩散系数关系图

4.4.4　煤样粒径对瓦斯扩散系数的影响

通过分析第 3 章中不同粒径煤样的瓦斯解吸量和解吸速度数据,利用聂百胜等提出的计算方法求取了 $\ln(1-Q_t/Q_\infty)$ 与时间 t 的关系,并据此计算粒径分别为 $0.5\sim1\ \text{mm}$ 和 $0.17\sim0.25\ \text{mm}$ 煤样在不同温度、不同吸附平衡压力下的瓦斯扩散系数,计算结果如表 4-4 和表 4-5 所示。

表 4-4　粒径为 0.5～1 mm 煤样在不同温度、不同吸附平衡压力条件下的瓦斯扩散系数

温度 T/℃	瓦斯扩散系数 D/(cm²/s)		
	吸附平衡压力 $p=0.5$ MPa	吸附平衡压力 $p=1.5$ MPa	吸附平衡压力 $p=2.5$ MPa
30	$4.43×10^{-7}$	$5.63×10^{-7}$	$5.90×10^{-7}$
20	$4.10×10^{-7}$	$5.15×10^{-7}$	$5.58×10^{-7}$
0	$1.56×10^{-7}$	$1.79×10^{-7}$	$1.83×10^{-7}$

表 4-5　粒径为 0.17～0.25 mm 煤样在不同温度、不同吸附平衡压力条件下的瓦斯扩散系数

温度 T/℃	瓦斯扩散系数 D/(cm²/s)		
	吸附平衡压力 $p=0.5$ MPa	吸附平衡压力 $p=1.5$ MPa	吸附平衡压力 $p=2.5$ MPa
30	$5.71×10^{-7}$	$6.96×10^{-7}$	$7.71×10^{-7}$
20	$5.27×10^{-7}$	$6.82×10^{-7}$	$7.65×10^{-7}$
0	$3.02×10^{-7}$	$3.45×10^{-7}$	$3.59×10^{-7}$

　　根据表 4-4、表 4-5 的数据可以绘制粒径分别为 0.5～1 mm 和 0.17～0.25 mm 煤样的瓦斯扩散系数与温度关系图，如图 4-8 所示。

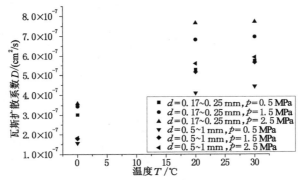

图 4-8　粒径分别为 0.5～1 mm 和 0.17～0.25 mm 煤样的温度与瓦斯扩散系数关系图

　　由图 4-8 可以看出：在相同吸附平衡压力条件下，颗粒煤瓦斯扩散系数随温度升高而增大，基本呈线性关系；在相同温度条件下，瓦斯扩散系数随吸附平衡压力增加而增大，也呈线性关系；在温度和吸附平衡压力的综合作用下，温度和吸附平衡压力越高，瓦斯扩散系数越大。

　　实验煤样粒径减小，其瓦斯扩散系数逐渐增大，这种情况与瓦斯解吸量的变化规律相吻合。分析其原因，主要是随着煤样粒径的减小，相同条件下，甲烷分子由基质内部及孔隙表面扩散至孔隙并解吸出来所经历的路径变短，沿程阻力变小，从而煤样的瓦斯扩散系数变大，相同时间内瓦斯解吸量增加。

4.5　颗粒煤瓦斯扩散影响因素

　　如 4.1 节所述，影响物质扩散的因素主要包括扩散介质的特性、扩散相的特性及外部条件因素。对于瓦斯-颗粒煤体系而言,影响瓦斯扩散的因素主要包括颗粒煤的特性(孔隙平均孔径、孔隙形状、煤的大分子结构及晶格特性等)、瓦斯气体的特性及外部环境。

颗粒煤的特性主要是在成煤过程中形成的,靠外在作用很难改变。就瓦斯含量测定所采集的煤样而言,对瓦斯扩散影响较大的颗粒煤特性主要是煤中孔隙平均孔径和孔隙形状,而这两个因素主要由煤变质程度和破坏类型所决定,且以变质程度为主。变质程度在很大程度上决定孔隙的类型、数量、形状等,并进一步决定孔隙的比表面积、孔体积等参数,尤其是变质程度增高可使中孔和微孔的数量增加;而构造应力等外力作用导致的煤体的破坏类型的改变,仅仅可改变煤中裂隙和大孔的数量,对中孔、微孔的数量和孔隙结构类型改变程度有限。

瓦斯的特性集中体现在甲烷分子自由程上。气体分子自由程是指一个气体分子与其他气体分子连续两次碰撞所经过的直线路程。大量气体分子自由程的平均值称为气体分子平均自由程。瓦斯的运移过程其实就是甲烷分子的输运过程,甲烷分子需经历非常频繁的碰撞才能进行扩散、渗透等。分子间的碰撞源自分子的热运动,只要甲烷分子的温度大于 -273.15 K,甲烷分子就不停地做热运动,且热运动的剧烈程度随温度的升高而增大。作为理想气体,甲烷分子自由程也与瓦斯-颗粒煤体系中的吸附平衡压力有关。分子碰撞过程也是能量和动量交换的过程,瓦斯-颗粒煤体系的动态平衡必须借助甲烷分子的频繁碰撞才能实现,瓦斯的解吸也正是在这种交换过程中完成的。

气体分子自由程主要受压力、温度、分子直径等因素共同控制。对于瓦斯而言,甲烷分子自由程主要受吸附平衡压力、温度所控制;同时,温度和吸附平衡压力也与甲烷分子在颗粒煤基质内部及孔隙表面的浓度密切相关。

按照经典扩散理论,物质的扩散运动主要是不同物质之间的浓度梯度所引起的。在瓦斯-颗粒煤体系中,体系内部与解吸环境之间存在的甲烷分子浓度梯度促使瓦斯扩散和解吸,且伴随着煤样瓦斯解吸过程的进行,体系内部与解吸环境之间的甲烷分子浓度梯度不断降低,直至甲烷分子浓度趋于均匀化;此外,从煤样瓦斯解吸开始,颗粒煤内部的甲烷分子浓度梯度也将形成,并随解吸时间的延长而不断变小。由此可以看出,瓦斯的扩散运动除与上述因素有关外,还与瓦斯解吸时间密切相关。

5　颗粒煤瓦斯扩散时效特性模型构建

本章基于定扩散系数在瓦斯含量测定中存在的问题,探讨了颗粒煤瓦斯扩散时效特性的机理,对不同条件下颗粒煤瓦斯扩散系数随时间的变化规律进行了研究,构建了变扩散系数条件下的颗粒煤瓦斯扩散时效特性模型,并对新、旧瓦斯含量计算模型的差异进行了对比。

我国现行的煤层瓦斯含量井下直接测定方法,是以巴雷尔式为基础描述瓦斯解吸规律的,并认为在煤样瓦斯解吸过程中瓦斯扩散系数是恒定不变的。这就导致在测定瓦斯含量(压力)较大、变质及破坏程度较高的煤体瓦斯含量时,理论计算值与实际测定值之间存在较大误差,从而会影响瓦斯含量测值的精度。

根据第4章的研究结果,瓦斯扩散与煤样的吸附平衡压力、温度、破坏类型、变质程度、粒径等因素有关,煤样瓦斯扩散系数随着吸附平衡压力、温度的增加而增大。在颗粒煤瓦斯解吸过程中,瓦斯-颗粒煤体系内部与解吸环境之间、颗粒煤内部均存在甲烷分子浓度梯度,且浓度梯度与解吸时间密切相关,具有一定的时效特性,会导致瓦斯扩散系数不断变化。若采用定扩散系数进行瓦斯扩散模型的构建和解算,得到的结论必将产生一定的误差。

本章在前人研究的基础上,以菲克扩散定律为基础,构建变扩散系数条件下颗粒煤瓦斯扩散新模型,修正瓦斯含量计算方法,为瓦斯含量的准确测定提供理论基础和应用依据。

5.1　定扩散系数在瓦斯含量测定中存在的问题分析

现有研究已经证明,颗粒煤中瓦斯扩散运动是控制瓦斯解吸的关键环节。本书第3章对不同吸附平衡压力、不同温度等条件下瓦斯解吸规律的实验研究得出,颗粒煤瓦斯解吸量随解吸时间的延长而增加,解吸速度随解吸时间的延长而衰减;第4章对不同条件下瓦斯扩散系数的研究认为,不同条件下瓦斯扩散系数并非定值,是随着条件的变化而发生变化的,具有时效特性。但目前作为我国国家标准的《煤层瓦斯含量井下直接测定方法》(GB/T 23250—2009),在计算漏失瓦斯量时以菲克第二扩散定律为基础,认为瓦斯-颗粒煤体系中的煤样瓦斯解吸过程符合 $\frac{Q_t}{Q_\infty}=1-\frac{6}{\pi^2}\sum_{n=1}^{\infty}\frac{1}{n^2}e^{-n^2Bt}$ $(n=1,2,3,\cdots)$(其中 $B=\pi^2D/R^2$)规律。通过一系列运算,该式可简化为 $\frac{Q_t}{Q_\infty}=K\sqrt{t}$。利用此式计算煤样漏失瓦斯量时采用定扩散系数,这会导致理论计算值与实测值存在一定的误差,且误差随瓦斯含量(压力)、变质及破坏程度的增大而增大,随瓦斯解吸时间的延长而增大。

下面以不同条件下煤样瓦斯解吸量、瓦斯扩散系数的差异对比为基础,探讨在瓦斯含量测定过程中采用定扩散系数存在的问题。

5.1.1 瓦斯解吸量差异对比

以温度为 20 ℃、吸附平衡压力为 1.5 MPa 条件下各煤样的瓦斯解吸规律为例,将《煤层瓦斯含量井下直接测定方法》(GB/T 23250—2009)所规定的 $\sqrt{t}$ 法计算得到的瓦斯解吸量与实验室实测的瓦斯解吸量进行对比(见图 5-1),考察定扩散系数条件下两者的差别。

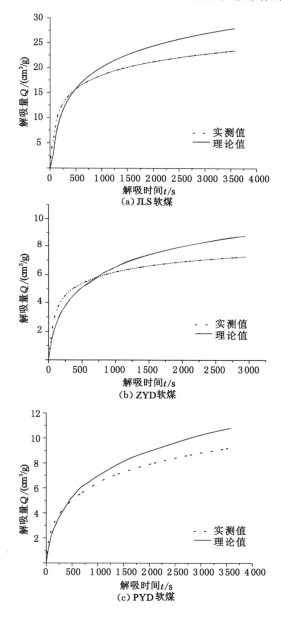

图 5-1 瓦斯解吸量实测值与理论值对比图

从图 5-1 可以看出,在煤样瓦斯解吸初始阶段,采用 $\sqrt{t}$ 法计算得到的理论瓦斯解吸量与实测值较为接近,但理论值总体上小于实测值;随着煤样瓦斯解吸时间的延长,以定扩散系

数为基础的 $\sqrt{t}$ 法理论计算结果将逐渐大于实测值,且计算误差随解吸时间的延长越来越大。60 min 内瓦斯解吸量的理论值与实测值的误差以 PYD 煤样最大(22.1%),JLS 煤样次之(19.1%),ZYD 煤样最小(16.12%)。随着煤样瓦斯突出危险性、瓦斯含量等的增大,这种计算误差会随之增加。

上述现象的产生,主要是由于采用 $\sqrt{t}$ 法计算瓦斯解吸量时,以定扩散系数为基础,该定扩散系数是前 60 min 内的平均瓦斯扩散系数。由本书 4.5 节研究结论可知,在煤样瓦斯解吸初期,瓦斯扩散系数较大,随着解吸过程的延续,扩散系数将逐渐减小。这就造成在煤样瓦斯解吸的前期,实际瓦斯扩散系数大于平均扩散系数,而后期的扩散系数却小于平均扩散系数(具体计算结果见表 5-1),从而导致采用定扩散系数计算过程中,理论计算所得漏失瓦斯量在瓦斯解吸前期小于实测值,而在后期大于实测值,并最终导致瓦斯含量测值误差较大。

表 5-1 不同时间段瓦斯扩散系数计算结果表

时间段/min	拟 合 公 式	瓦斯扩散系数 $D/(\text{cm}^2/\text{s})$	相关系数 R
0~3	$\ln(1-Q_t/Q_\infty)=-0.002\,71t-0.103\,67$	$2.748\,59\times10^{-6}$	0.988
3~5	$\ln(1-Q_t/Q_\infty)=-0.001\,61t-0.283\,60$	$1.632\,93\times10^{-6}$	0.998
5~10	$\ln(1-Q_t/Q_\infty)=-0.001\,15t-0.430\,77$	$1.166\,38\times10^{-7}$	0.998
10~30	$\ln(1-Q_t/Q_\infty)=-6.780\,00\times10^{-4}t-0.748\,90$	$6.874\,97\times10^{-7}$	0.997
30~60	$\ln(1-Q_t/Q_\infty)=-4.295\,10\times10^{-4}t-1.188\,33$	$4.356\,26\times10^{-7}$	0.999
0~60	$\ln(1-Q_t/Q_\infty)=-7.061\,27\times10^{-4}t-0.626\,93$	$7.160\,00\times10^{-7}$	0.976

5.1.2 瓦斯扩散系数差异对比

第 4 章在对煤样瓦斯扩散规律进行研究的过程中,瓦斯扩散系数计算结果实际上是煤样前 60 min 平均瓦斯扩散系数,即对 $\ln(1-Q_t/Q_\infty)$-t 曲线拟合得到的。但由此得到的瓦斯扩散系数会随拟合数据量、解吸时间等变化而变化。下面以 JLS 煤样在温度为 20 ℃、吸附平衡压力为 1.5 MPa 条件下瓦斯解吸数据为例,分别考察 0~3 min、3~5 min、5~10 min、10~30 min 及 30~60 min 时间段内的瓦斯扩散系数,并对比 0~60 min 内瓦斯扩散系数的差异。

通过计算各时间段瓦斯扩散系数(计算结果见表 5-1),绘制了如图 5-2 所示的不同时间段瓦斯扩散系数变化图。

由图 5-2、图 5-3 及表 5-1 可以看出,随解吸时间的延长,不同时间段瓦斯扩散系数是逐渐变小的,且在煤样瓦斯解吸前期(前 30 min)实际瓦斯扩散系数大于 0~60 min 内的平均瓦斯扩散系数,而瓦斯解吸后期(后 30 min)的瓦斯扩散系数小于 0~60 min 内的平均瓦斯扩散系数。此外,煤样解吸前 5 min 的瓦斯扩散系数与之后的瓦斯扩散系数相差一个数量级,且衰减相对较快。

对图 5-3 中不同时刻瓦斯扩散系数与解吸时间进行拟合,得出两者间符合 $D_t=D_0/(1+bt)$ 关系(D_0 为初始瓦斯扩散系数,b 为待定系数,t 为解吸时间),相关系数达到 0.95 以上。这说明在颗粒煤瓦斯解吸过程中,瓦斯扩散系数并非定值,而是随解吸时间延

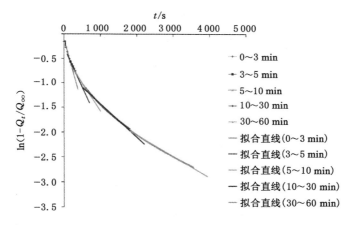

图 5-2　不同时间段瓦斯扩散系数拟合曲线图

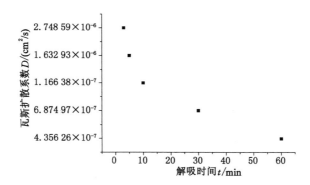

图 5-3　瓦斯扩散系数随解吸时间变化图

长逐渐衰减的,即颗粒煤瓦斯扩散系数具有时效特性。

5.2　颗粒煤瓦斯扩散时效特性机理探讨

　　煤作为一种孔隙-裂隙双重多孔介质,瓦斯在颗粒煤内的扩散动力是甲烷分子浓度梯度。颗粒煤开始解吸后,煤基质内部及孔隙表面甲烷分子浓度及浓度梯度不断变化。由于瓦斯扩散系数对甲烷分子浓度具有很强依赖性的特性,因而颗粒煤中瓦斯扩散系数随时间而发生变化,即颗粒煤瓦斯扩散具有时效特性。即瓦斯-颗粒煤体系与解吸环境间、颗粒煤内部与表面间甲烷分子浓度梯度的变化是瓦斯扩散具有时效特性的内在原因。

　　从分子运动论的角度解释,颗粒煤未暴露在解吸环境中时,煤基质及孔隙表面甲烷分子排列密度非常高;当煤样开始解吸时,在瓦斯-颗粒煤体系与解吸环境之间的甲烷分子浓度梯度的作用下,孔隙内高密度的甲烷分子首先脱离孔隙表面,进入孔隙并解吸出来,激发了瓦斯扩散运动。煤样开始解吸时,瓦斯-颗粒煤体系与解吸环境之间的甲烷分子浓度梯度非常大,这造成初始解吸时段内煤样具有较大的瓦斯扩散系数。随着甲烷分子扩散运动的进行,瓦斯-颗粒煤体系与解吸环境之间及颗粒煤内部与表面之间的甲烷分子浓度差不断减小,这使得瓦斯-颗粒煤体系之间、煤基质和孔隙表面之间的甲烷分子浓度梯度不断降低,瓦斯扩散逐渐趋于平缓,瓦斯扩散系数也随之降低,并最终造成瓦斯解吸量和解吸速度不断减小。由此可知,瓦斯扩散系数随解吸时间的延长不断减小,即具有一定的时效特性。

在颗粒煤初始暴露阶段,裂隙、大孔内的游离瓦斯即刻释放出来,而这些裂隙、孔隙内表面的瓦斯也瞬时解吸出来。随着瓦斯解吸时间的延长,瓦斯解吸主要依赖于中孔-微孔内的吸附瓦斯及煤基质内的固溶态瓦斯。随着颗粒煤内部甲烷分子浓度的降低,甲烷分子浓度梯度逐渐减小,颗粒煤内瓦斯要进一步扩散和解吸,必须从中孔、小孔及微孔等更小的孔隙内扩散出来。孔隙的孔径越小,甲烷分子运移的阻力越大。中孔-微孔内的瓦斯需要克服更大的孔隙阻力才能到达较大的孔隙和裂隙中,并最终释放出来,这是一个相对较为缓慢的过程。故在颗粒煤瓦斯解吸后期,瓦斯扩散的阻力更大,扩散系数会随着扩散阻力的增大而逐渐变小。

同时,由于颗粒煤内部孔隙结构极其复杂,在颗粒煤解吸初期,开放型孔隙内的瓦斯首先扩散进入孔隙并解吸出来,这就导致解吸初期瓦斯扩散系数较大;而随着瓦斯解吸过程的进行,甲烷分子需要克服更大的阻力,才能从半封闭、封闭型孔隙内扩散出来,这就需要一个较长的过程,从而造成颗粒煤解吸后期瓦斯扩散系数较前期要小。此外,在影响因素相同的条件下,不同孔隙结构将适用不同的扩散模型,而不同的扩散模型导致不同的扩散速度,进而影响颗粒煤的瓦斯扩散系数。由此可知,单纯采用一种扩散模型描述颗粒煤中瓦斯扩散是不恰当的。因此,颗粒煤孔隙-裂隙双重多孔介质的特性(扩散介质本身的特性)也决定了瓦斯-颗粒煤体系在瓦斯解吸过程中具有时效特性,奠定了颗粒煤瓦斯扩散时效特性发生的物质基础和条件。

由以上从微观方面的分析可知,瓦斯-颗粒煤体系在瓦斯解吸过程中,具备了产生瓦斯扩散时效特性现象的扩散介质特性条件。

在宏观方面,就扩散介质(颗粒煤)特性而言,根据有关学者对孔隙材料的理论研究可知,气体分子的有效扩散系数与多孔介质的孔隙率、孔隙弯曲因数 ζ 有关:

$$D_e = \frac{D\varphi}{\zeta} \tag{5-1}$$

式中　　D_e——有效扩散系数,cm^2/s;

　　　　D——扩散系数,cm^2/s;

　　　　φ——孔隙率,%;

　　　　ζ——孔隙弯曲因数。

由式(5-1)可以看出,甲烷分子在颗粒煤内的有效扩散系数 D_e 与多孔介质的孔隙率 φ 成正比,与多孔介质的孔隙弯曲因数 ζ 成反比。

现有研究表明,颗粒煤吸附瓦斯后,煤基质将产生膨胀变形,导致颗粒煤内部孔隙受压而发生变化,并影响颗粒煤中瓦斯扩散孔隙弯曲因数 ζ,从而影响瓦斯扩散的阻力,最终导致瓦斯扩散系数发生变化。当煤样吸附瓦斯达到平衡后,在恒温条件下解吸瓦斯也将对瓦斯扩散系数产生一定的影响。

此外,对扩散相(瓦斯)所处的外部环境条件而言,颗粒煤瓦斯吸附平衡压力、温度等外在因素的变化会导致颗粒煤内部甲烷分子的排列、分布情况发生变化。将甲烷视为理想气体:

$$pV = nRT \tag{5-2}$$

式中　　p ——气体压力，Pa；

　　　　V ——气体体积，m^3；

　　　　n ——物质的量，mol；

　　　　T ——体系温度，K。

由式(5-2)可以看出，当温度 T 恒定时，瓦斯压力 p 越高，则会造成甲烷分子的密度越大；同时，当瓦斯压力增大时，甲烷分子撞击煤体孔隙表面的概率增加，甲烷分子在煤孔隙表面的密度增大。当瓦斯压力 p 恒定时，温度 T 越高，则造成甲烷分子的密度越小；同时，随着温度的升高，甲烷分子的热运动越剧烈，获得能量发生解吸的可能性越大。煤样瓦斯开始解吸后，其压力为环境大气压力；瓦斯解吸为吸热过程，从而造成煤体温度不断降低，这也将导致瓦斯扩散系数减小，致使瓦斯解吸量和解吸速度减小。此为颗粒煤瓦斯解吸过程中具有瓦斯扩散时效特性的外因。

综上所述，在瓦斯-颗粒煤体系中，瓦斯扩散系数受煤(扩散介质)的孔隙结构的影响，也受瓦斯(扩散相)的特性及所处的外部条件(压力、温度等)的影响。这些因素在解吸过程中的共同作用，导致颗粒煤中甲烷分子浓度及浓度梯度不断变化，进而导致瓦斯扩散系数随解吸时间的延长而发生变化，并最终决定瓦斯在解吸过程中具有扩散时效特性。

5.3　颗粒煤瓦斯扩散系数随解吸时间变化规律研究

4.5 节已经初步证明了颗粒煤瓦斯扩散系数随解吸时间的延长而衰减的特性。从研究结果可以看出，虽然在定扩散系数条件下 $\ln(1-Q_t/Q_\infty)$ 与解吸时间 t 之间具有较高的拟合度，但这仅是煤样瓦斯解吸前 60 min 内的总体规律。瓦斯解吸的前期(尤其是前 15 min 左右)与后期相比，煤样瓦斯扩散系数变化比较剧烈，但该时间段所占的时间较少，才使得 $\ln(1-Q_t/Q_\infty)$ 与 t 之间具有较高的拟合度。

5.2 节对颗粒煤瓦斯扩散时效特性产生的原因进行了宏观和微观方面的探讨。下面从煤层瓦斯含量井下直接测定时所受影响因素的实际情况出发，通过计算不同吸附平衡压力、不同温度条件下不同时刻瓦斯扩散系数的变化情况，研究颗粒煤瓦斯扩散系数随解吸时间的变化规律。

5.3.1　不同吸附平衡压力条件下瓦斯扩散系数随解吸时间的变化规律

根据第 3 章对煤样瓦斯解吸规律的研究可知，不同吸附平衡压力条件下，煤样具有前期解吸速度快、后期解吸速度慢的特性，主要是解吸前期瓦斯扩散系数较大、后期瓦斯扩散系数较小所致。为研究瓦斯扩散系数随解吸时间的变化规律，需计算不同时间段颗粒煤的瓦斯扩散系数。

通过计算温度为 20 ℃、不同吸附平衡压力条件下 JLS 煤样的瓦斯扩散系数 $D(t)$，绘制了如图 5-4 所示的瓦斯扩散系数变化图，并对 $D(t)$ 进行了数据拟合，拟合公式如表 5-2 所示。由于煤样瓦斯解吸后期(30 min 以后)瓦斯扩散系数变化较小，因此仅计算 1～30 min 及 40 min、50 min 和 59 min 的瓦斯扩散系数 $D(t)$。在计算各时间点瓦斯扩散系数时，采用对相邻两分钟(或一时间段的第一分钟与最后一分钟)的 $\ln(1-Q_t/Q_\infty)$-t 数据进行直线拟合的方式。

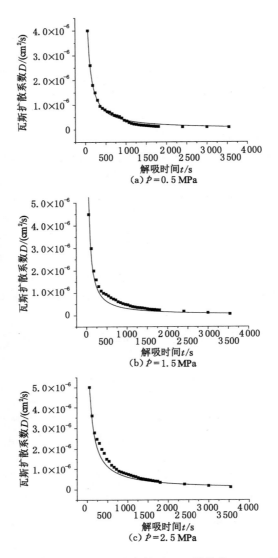

图 5-4 不同吸附平衡压力条件下 JLS 煤样的 $D(t)$-t 关系图

表 5-2 不同吸附平衡压力条件下 JLS 煤样的 $D(t)$-t 拟合关系表

吸附平衡压力 p/MPa	拟 合 公 式	相关系数 R
0.5	$D(t) = \dfrac{1.443\ 16 \times 10^{17}}{5.210\ 00 \times 10^{20} t + 1}$	0.980
1.5	$D(t) = \dfrac{2.366\ 99 \times 10^{9}}{7.530\ 03 \times 10^{12} t + 1}$	0.964
2.5	$D(t) = \dfrac{9.402\ 86 \times 10^{12}}{2.827\ 75 \times 10^{17} t + 1}$	0.970

由图 5-4 和表 5-2 可以发现,在不同吸附平衡压力条件下,煤样瓦斯扩散系数 $D(t)$ 均随

解吸时间 t 的延长而衰减,并最终趋于稳定状态。经对 $D(t)$-t 数据拟合得出,两者符合 $D(t) = D_0/(bt+1)$ 的关系(D_0 为初始瓦斯扩散系数,b 为待定系数,t 为解吸时间),两者间的拟合效果较好,相关系数均在 0.9 以上。

ZYD煤样和PYD煤样具有类似规律,温度为20 ℃、不同吸附平衡压力条件下的 $D(t)$-t 数据拟合情况见表5-3。

表5-3　ZYD煤样和PYD煤样的 $D(t)$-t 拟合关系表

煤样	吸附平衡压力 p/MPa	拟 合 公 式	相关系数 R
ZYD煤样	0.5	$D(t) = \dfrac{8.852\,45 \times 10^{14}}{7.366\,50 \times 10^{17}t + 1}$	0.970
	1.5	$D(t) = \dfrac{2.363\,90 \times 10^{9}}{7.530\,30 \times 10^{12}t + 1}$	0.954
	2.5	$D(t) = \dfrac{5.974\,50 \times 10^{13}}{9.746\,50 \times 10^{17}t + 1}$	0.959
PYD煤样	0.5	$D(t) = \dfrac{3.836\,70 \times 10^{15}}{2.683\,50 \times 10^{18}t + 1}$	0.975
	1.5	$D(t) = \dfrac{3.593\,60 \times 10^{10}}{9.287\,40 \times 10^{13}t + 1}$	0.964
	2.5	$D(t) = \dfrac{6.378\,10 \times 10^{13}}{5.982\,50 \times 10^{18}t + 1}$	0.949

5.3.2　不同温度条件下瓦斯扩散系数随解吸时间的变化规律

根据4.4节对煤样瓦斯解吸规律的研究可知,瓦斯扩散系数具有随温度的升高而增大的趋势。

通过计算吸附平衡压力为1.5 MPa、不同温度条件下JLS煤样的瓦斯扩散系数 $D(t)$,绘制了如图5-5所示的瓦斯扩散系数变化图,并对 $D(t)$ 进行了数据拟合,拟合公式如表5-4所示。由于煤样瓦斯解吸后期(30 min 以后)瓦斯扩散系数变化较小,因此仅计算 $1 \sim$ 30 min及40 min、50 min 和 59 min 的瓦斯扩散系数 $D(t)$。

表5-4　不同温度条件下JLS煤样的 $D(t)$-t 拟合关系表

温度 T/℃	拟 合 公 式	相关系数 R
0	$D(t) = \dfrac{4.450\,54 \times 10^{-6}}{1.452\,00 \times 10^{9}t + 1}$	0.970
20	$D(t) = \dfrac{6.794\,94 \times 10^{-6}}{1.319\,00 \times 10^{9}t + 1}$	0.959
30	$D(t) = \dfrac{9.091\,50 \times 10^{-6}}{1.165\,80 \times 10^{9}t + 1}$	0.954

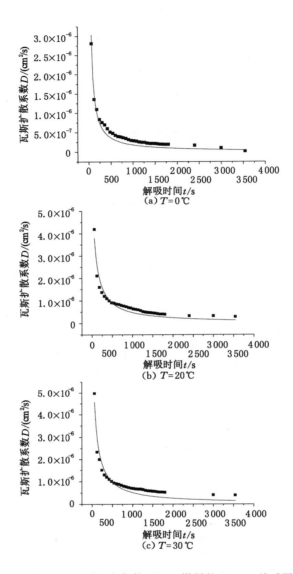

图 5-5   不同温度条件下 JLS 煤样的 $D(t)$-t 关系图

由图 5-5 和表 5-4 可以发现,在不同温度条件下,煤样瓦斯扩散系数 $D(t)$ 均随解吸时间 t 的延长而衰减,并最终趋于稳定状态。经对 $D(t)$-t 数据拟合得出,两者也符合 $D(t) = D_0/(bt + 1)$ 的关系(D_0 为初始瓦斯扩散系数,b 为待定系数,t 为解吸时间),两者具有较好的拟合效果,相关系数均在 0.9 以上。

ZYD 煤样和 PYD 煤样具有类似规律,吸附平衡压力为 1.5 MPa、不同温度条件下的 $D(t)$-t 数据拟合情况见表 5-5。

综上所述,颗粒煤瓦斯扩散系数 $D(t)$ 具有随解吸时间 t 的延长而逐渐减小的规律,且在不同的吸附平衡压力、不同温度条件下,均满足 $D(t) = D_0/(bt+1)$ 的关系。

表 5-5 ZYD 煤样和 PYD 煤样的 $D(t)$-t 拟合关系表

煤样	温度 $T/℃$	拟　合　公　式	相关系数 R
ZYD 煤样	0	$D(t) = \dfrac{3.582\,40 \times 10^{-7}}{3.943\,60 \times 10^{9}t + 1}$	0.970
	20	$D(t) = \dfrac{5.936\,40 \times 10^{-7}}{2.936\,10 \times 10^{9}t + 1}$	0.970
	30	$D(t) = \dfrac{7.285\,30 \times 10^{-6}}{8.562\,40 \times 10^{9}t + 1}$	0.954
PYD 煤样	0	$D(t) = \dfrac{6.378\,26 \times 10^{-6}}{2.591\,10 \times 10^{9}t + 1}$	0.980
	20	$D(t) = \dfrac{9.722\,10 \times 10^{-6}}{1.247\,10 \times 10^{9}t + 1}$	0.954
	30	$D(t) = \dfrac{6.382\,50 \times 10^{-6}}{8.317\,20 \times 10^{8}t + 1}$	0.949

5.4 颗粒煤瓦斯扩散时效特性模型的建立

杨其銮等根据菲克第二扩散定律,运用数理方法求解煤的瓦斯扩散方程的理论解,通过一系列求解、计算得出了目前广为应用的颗粒煤瓦斯扩散规律的一般表达式为:

$$\frac{Q_t}{Q_\infty} = 1 - \frac{6}{\pi^2} \sum_{n=1}^{\infty} \frac{1}{n^2} e^{-n^2 Bt} \quad (n = 1,2,3,\cdots) \tag{5-3}$$

$$B = \frac{\pi^2 D}{R^2}$$

式中　　Q_t——解吸时间为 t 时累计瓦斯解吸量,cm^3;

$\qquad\quad Q_\infty$——解吸时间为 $t \to \infty$ 时累计瓦斯解吸量,cm^3;

$\qquad\quad R$——煤粒半径,cm。

有关学者对式(5-3)进行了研究和验证,发现在瓦斯扩散初始阶段,运用该式计算得到的理论瓦斯解吸量比实验测试结果小,且随着煤样的瓦斯解吸时间延长,理论计算结果越来越偏离实验测试结果。出现该现象的原因主要是式(5-3)及其近似解均把等温条件下煤的瓦斯扩散系数作为定值考虑;而颗粒煤瓦斯扩散系数在整个解吸过程中是不断变化的,即呈现时效特性。该结论已在 4.5 节、5.2 节和 5.3 节中得到证实。5.3 节的研究表明,颗粒煤瓦斯扩散系数 D_t 与解吸时间 t 之间遵循 $D_t = D_0/(bt + 1)$ 的关系。

5.4.1 颗粒煤瓦斯扩散时效特性模型的基本假设

塞芬斯特(P. G. Sevenster)依据菲克第二扩散定律,通过研究于 1959 年提出了颗粒煤的均质球形瓦斯扩散数学模型。该模型把瓦斯从颗粒煤中的涌出过程看作气体在多孔介质中的三向非稳定扩散,根据质量守恒定律和连续性原理推导出菲克第二扩散定律:

$$\frac{\partial c}{\partial t} = \frac{\partial}{\partial x}\left(D\frac{\partial c}{\partial x}\right) + \frac{\partial}{\partial y}\left(D\frac{\partial c}{\partial y}\right) + \frac{\partial}{\partial z}\left(D\frac{\partial c}{\partial z}\right) \tag{5-4}$$

式中　t ——解吸时间,s;

　　$\dfrac{\partial c}{\partial x}$,$\dfrac{\partial c}{\partial y}$,$\dfrac{\partial c}{\partial z}$ ——分别为对应于笛卡尔坐标系(x,y,z)中的浓度梯度。

　　根据前人及本书第 4 章的研究,针对颗粒煤瓦斯扩散时效特性模型做如下假设(物理模型如图 5-6 所示):

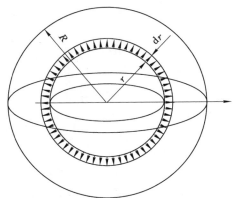

图 5-6　颗粒煤瓦斯扩散模型图

　　(1)颗粒煤煤样为球形颗粒的集合;

　　(2)煤样属于均质、各向同性体;

　　(3)瓦斯在颗粒煤中的流动遵循质量守恒定律和连续性原理;

　　(4)煤中瓦斯解吸为等温条件下的解吸过程;

　　(5)颗粒煤瓦斯扩散系数与解吸时间、吸附平衡压力、温度等有关。

5.4.2　颗粒煤瓦斯扩散时效特性模型的构建及瓦斯含量计算方法的修正

　　根据上述假设,煤中瓦斯扩散系数和坐标无关。考虑时间对瓦斯扩散系数的影响,式(5-4)在球坐标系下的形式变为:

$$\begin{cases} \dfrac{\partial c}{\partial t} = D(t)\left(\dfrac{\partial^2 c}{\partial r^2} + \dfrac{2}{r}\dfrac{\partial c}{\partial r}\right) \\ c(r,0) = c_0, c(R,t) = c_1 \\ \dfrac{\partial c}{\partial r}\Big|_{r=0} = 0 \end{cases} \tag{5-5}$$

式中　r ——球坐标半径,cm;

　　c_0 ——处于吸附平衡状态时的煤中瓦斯浓度,g/cm³;

　　c_1 ——1 个大气压条件下的颗粒煤表面瓦斯浓度,g/cm³;

　　R ——颗粒煤平均半径,cm。

　　令 $u = cr$, $c = \dfrac{u}{r}$,则:

$$\frac{\partial c}{\partial t} = \frac{\partial(u/r)}{\partial t} = \frac{1}{r}\frac{\partial u}{\partial t} \tag{5-6a}$$

$$\frac{\partial c}{\partial r} = \frac{\partial(u/r)}{\partial r} = \frac{1}{r}\frac{\partial u}{\partial r} - \frac{1}{r^2}u \tag{5-6b}$$

$$\frac{\partial^2 c}{\partial r^2} = -\frac{2}{r^2}\frac{\partial u}{\partial r} + \frac{1}{r}\frac{\partial^2 u}{\partial r^2} + \frac{2}{r^3}u \tag{5-6c}$$

将式(5-6a)、式(5-6b)、式(5-6c)代入式(5-5),得到描述煤的瓦斯扩散过程的理论方程及初边值条件为:

$$\begin{cases} \frac{\partial u}{\partial t} = D(t)\frac{\partial^2 u}{\partial r^2} \\ u = 0 & (r=0, t>0) \\ u = Rc_1 & (r=R, t>0) \\ u = rc_0 & (0<r<R, t=0) \end{cases} \tag{5-7}$$

由于式(5-7)为非齐次边界条件问题,不可用分离变量法进行求解,因此,对式(5-7)初边值条件进行处理,令:

$$h = u(0,t) = 0$$
$$g = u(R,t) = Rc_1$$
$$w = \frac{g-h}{R}r + h = c_1 r$$

令 $u = v + w = v + c_1 r$,代入式(5-7)得:

$$\begin{cases} \frac{\partial v}{\partial t} - D(t)\frac{\partial^2 v}{\partial r^2} = 0 \\ v(0,t) = 0, v(R,t) = 0 \\ v(r,0) = r(c_0 - c_1) \end{cases} \tag{5-8}$$

令 $v = X(r)Y(t)$,代入式(5-8)的泛函方程及齐次边界条件,可得:

$$\begin{cases} X'' - \mu X = 0 \\ X(0) = X(R) = 0 \end{cases} \tag{5-9a}$$
$$Y'(t) - \mu D(t)Y(t) = 0 \tag{5-9b}$$

解 $X(r)$ 的本征值问题,可得到:

$$\mu = -\frac{n^2\pi^2}{R^2}$$

$$X_n(r) = a_n \sin(\frac{n\pi}{R}r)$$

将 μ 代入式(5-9b)并求解得:

$$T_n = b_n \exp(-\frac{n^2\pi^2}{R^2}f)$$
$$f = \int_0^t D(t)\mathrm{d}t \tag{5-10}$$

由此可得:

$$v = \sum_{n=1}^{\infty} C_n \exp(-\frac{n^2\pi^2}{R^2}f)\sin(\frac{n\pi}{R}r)$$

由式(5-8)的初始条件可得到:

$$r(c_0 - c_1) = v(r,0) = \sum_{n=1}^{\infty} C_n \sin(\frac{n\pi}{R}r)$$

由傅立叶分解知:

$$C_n = \frac{2}{R} \int_0^R r(c_0 - c_1) \sin(\frac{n\pi}{R}r) \, \mathrm{d}r = (-1)^{n+1} \frac{2R(c_0 - c_1)}{n\pi}$$

则：

$$v = \sum_{n=1}^{\infty} (-1)^{n+1} \frac{2R(c_0 - c_1)}{n\pi} \exp(-\frac{n^2 \pi^2}{R^2}f) \sin(\frac{n\pi}{R}r)$$

$$u = c_1 r + \sum_{n=1}^{\infty} (-1)^{n+1} \frac{2R(c_0 - c_1)}{n\pi} \exp(-\frac{n^2 \pi^2}{R^2}f) \sin(\frac{n\pi}{R}r)$$

则由 $c = \dfrac{u}{r}$ 可得：

$$\frac{c - c_1}{c_0 - c_1} = \frac{1}{r} \sum_{n=1}^{\infty} (-1)^{n+1} \frac{2R}{n\pi} \exp(-\frac{n^2 \pi^2}{R^2}f) \sin(\frac{n\pi}{R}r) \tag{5-11}$$

当 $r \to 0$ 时，式(5-11)取极限为：

$$\frac{c_0 - c}{c_0 - c_1} = 1 + 2 \sum_{n=1}^{\infty} (-1)^n \exp(-\frac{n^2 \pi^2}{R^2}f) \tag{5-12}$$

用 Q_t 表示自煤样暴露到时间 t 时的累计瓦斯解吸量，Q_∞ 表示 $t \to \infty$ 时的极限瓦斯解吸量，则有：

$$Q_t = 4\pi R^2 \int_0^t -D(t)(\frac{\partial c}{\partial r})_{r=R} \, \mathrm{d}t \tag{5-13}$$

由式(5-11)可得：

$$\frac{\partial c}{\partial r} = (c_0 - c_1) \sum_{n=1}^{\infty} (-1)^{n+1} \frac{2R}{n\pi} \exp(-\frac{n^2 \pi^2}{R^2}f) \cdot \left[-\frac{1}{r^2} \sin(\frac{n\pi}{R}r) + \frac{1}{r} \frac{n\pi}{R} \cos(\frac{n\pi}{R}r) \right]$$

$$\frac{\partial c}{\partial r}\Big|_{r=R} = -(c_0 - c_1) \sum_{n=1}^{\infty} \frac{2}{R} \exp(-\frac{n^2 \pi^2}{R^2}f) \tag{5-14}$$

引入 $D_t = D_0/(1 + bt)$，代入式(5-10)，则：

$$f = \frac{D_0}{b} \ln(bt + 1) \tag{5-15}$$

将式(5-14)、式(5-15)代入式(5-10)，可得：

$$\int_0^t -D(t)(\frac{\partial c}{\partial r})_{r=R} \, \mathrm{d}t = (c_0 - c_1) \frac{2R}{\pi^2} \sum_{n=1}^{\infty} \frac{1}{n^2} \left[1 - (bt + 1)^{-\frac{n^2 \pi^2}{R^2} \frac{D_0}{b}} \right] \tag{5-16}$$

将式(5-16)代入式(5-13)，可得：

$$\begin{aligned}
Q_t &= 4\pi R^2 \int_0^t -D(t)(\frac{\partial c}{\partial r})_{r=R} \, \mathrm{d}t \\
&= 4\pi R^2 (c_0 - c_1) \frac{2R}{\pi^2} \sum_{n=1}^{\infty} \frac{1}{n^2} \left[1 - (bt + 1)^{-\frac{n^2 \pi^2}{R^2} \frac{D_0}{b}} \right] \\
&= \frac{4}{3} \pi R^3 (c_0 - c_1) \left\{ \frac{6}{\pi^2} \sum_{n=1}^{\infty} \frac{1}{n^2} \left[1 - (bt + 1)^{-\frac{n^2 \pi^2}{R^2} \frac{D_0}{b}} \right] \right\}
\end{aligned}$$

可得等温解吸条件下煤样的瓦斯解吸量为：

$$\begin{aligned}
\frac{Q_t}{Q_\infty} &= \frac{6}{\pi^2} \sum_{n=1}^{\infty} \frac{1}{n^2} \left[1 - (bt + 1)^{-\frac{n^2 \pi^2}{R^2} \frac{D_0}{b}} \right] \\
&= \frac{6}{\pi^2} \sum_{n=1}^{\infty} \frac{1}{n^2} - \frac{6}{\pi^2} \sum_{n=1}^{\infty} \frac{1}{n^2} (bt + 1)^{-\frac{n^2 \pi^2}{R^2} \frac{D_0}{b}}
\end{aligned}$$

$$= 1 - \frac{6}{\pi^2} \sum_{n=1}^{\infty} \frac{1}{n^2} (bt+1)^{-\frac{n^2\pi^2}{R^2}\frac{D_0}{b}} \tag{5-17}$$

令 $k = \dfrac{\pi^2 D_0}{bR^2}$，可得：

$$\frac{Q_t}{Q_\infty} = 1 - \frac{6}{\pi^2} \sum_{n=1}^{\infty} \frac{1}{n^2} (bt+1)^{-kn^2} \tag{5-18}$$

式（5-18）是颗粒煤瓦斯扩散时效特性模型，也是煤层瓦斯含量井下直接测定方法的修正模型。

5.4.3　新、旧瓦斯含量计算模型差异的对比

新建立的颗粒煤瓦斯扩散时效特性模型中，包含了与瓦斯扩散系数密切相关的时间因素，即颗粒煤瓦斯扩散系数 D 不再是一个定值。由式（5-11）也可以看出，不同时刻颗粒煤中甲烷分子浓度是变化的，因而，由浓度梯度决定的瓦斯扩散系数 D 势必也随时间变化。

而杨其銮等根据菲克第二扩散定律，采用定扩散系数推导出的瓦斯含量计算公式为：

$$\frac{Q_t}{Q_\infty} = 1 - \frac{6}{\pi^2} \sum_{n=1}^{\infty} \frac{1}{n^2} e^{-n^2 Bt} \quad (n=1,2,3,\cdots) \tag{5-19}$$

式（5-19）仅仅反映了瓦斯解吸量随解吸时间的变化情况，而没有反映瓦斯扩散系数随解吸时间的变化情况。但恰恰是瓦斯扩散控制了瓦斯解吸的过程和规律。

因此，新建立的颗粒煤瓦斯扩散时效特性模型较原模型更符合瓦斯解吸实际情况。

6 颗粒煤瓦斯扩散时效特性模型的解算与验证

第 5 章针对井下瓦斯含量直接测定方法中采用定扩散系数的实际情况,分析了定扩散系数条件下瓦斯含量测定存在的问题,探讨了颗粒煤瓦斯扩散时效特性的机理,研究了不同条件下颗粒煤瓦斯扩散系数随时间的变化规律,构建了颗粒煤瓦斯扩散时效特性模型,修正了瓦斯含量计算方法。但新建立的瓦斯扩散时效特性模型为完全级数解,不利于现场应用,需要对其进行解算,以便推广应用。通过 4.5 节及 5.3 节、5.4 节的研究可知,瓦斯扩散系数受解吸时间、吸附平衡压力、温度等因素的制约。因此,须对不同条件下的瓦斯扩散系数进行解算。

本章通过对颗粒煤瓦斯扩散时效特性模型的解算,求取其近似解,以方便现场应用和推广;对不同条件下颗粒煤瓦斯扩散时效特性模型中的瓦斯扩散系数进行解算,并在实验室和现场验证该模型的准确性和稳定性。

6.1 瓦斯扩散时效特性模型理论方程近似解

第 5 章在理论分析与数值计算的基础上,确定了颗粒煤瓦斯扩散时效特性模型:

$$\frac{Q_t}{Q_\infty} = 1 - \frac{6}{\pi^2} \sum_{n=1}^{\infty} \frac{1}{n^2} (bt+1)^{-kn^2} \tag{6-1}$$

式(6-1)的解是完全级数解,收敛速度较慢,实际应用中不方便。因此,探求式(6-1)的近似解是非常有必要的。

令 $f = \left| \int D(t) \mathrm{d}t \right|$,代入式(6-1)得:

$$\begin{cases} \dfrac{\partial u}{\partial f} = \dfrac{\partial^2 u}{\partial r^2} \\ u(0, f) = 0 \\ u(R, f) = Rc_1 \\ u(r, 0) = rc_1 \end{cases} \tag{6-2}$$

对式(6-2)作拉普拉斯变换,则有:

$$\begin{cases} \dfrac{\mathrm{d}^2 \overline{u}}{\mathrm{d}r^2} - p\overline{u} + rc_0 = 0 \\ \overline{u}(0, f) = 0 \\ \overline{u}(R, f) = \dfrac{Rc_1}{p} \end{cases} \tag{6-3}$$

由式(6-3)可得:

$$\overline{u} = \frac{rc_0}{p} + \frac{R(c_1 - c_0)\sin\sqrt{p}r}{p\sin\sqrt{p}R} \tag{6-4}$$

用二项式定理展开式(6-4)并查拉氏变换表得：

$$\frac{c_0 - c}{c_0 - c_1} = \frac{R}{r}\sum_{n=1}^{\infty}\left\{\text{erfc}\left[\frac{R(2n+1)-r}{2\sqrt{f}}\right] - \text{erfc}\left[\frac{R(2n+1)+r}{2\sqrt{f}}\right]\right\} \tag{6-5}$$

同样可得颗粒煤瓦斯解吸量为：

$$\frac{Q_t}{Q_\infty} = \frac{6}{\pi R}\sqrt{f} \cdot \left[\sqrt{\pi} + 2\sum_{n=1}^{\infty}\text{erfc}\left(\frac{nR}{\sqrt{f}}\right)\right] - \frac{3f}{R^2} \tag{6-6}$$

其中：
$$\text{erfc}(x) = 1 - \text{erf}\,x = \frac{2}{\sqrt{\pi}}\int_x^\infty \mathrm{e}^{-\xi^2}\mathrm{d}\xi$$

查误差函数表可知，当 $x = 2.5$ 时，$2\text{erfc}(x) = 10^{-4}$，$x = nR/\sqrt{f} \gg 2.5$，且当 $x \to \infty$ 时，$\text{erfc}(x) \to 0$，忽略式(6-6)中的误差函数，并将式(5-15)代入得：

$$\frac{Q_t}{Q_\infty} = \frac{6}{R}\sqrt{\frac{D_0}{b\pi}}\sqrt{\ln(bt+1)} - \frac{3D_0}{bR^2}\ln(bt+1) \tag{6-7}$$

设煤的平均粒径为 d，则式(6-7)变为：

$$\frac{Q_t}{Q_\infty} = \frac{12}{d}\sqrt{\frac{D_0}{b\pi}}\sqrt{\ln(bt+1)} - \frac{12D_0}{bd^2}\ln(bt+1) \tag{6-8}$$

式(6-8)为颗粒煤瓦斯扩散时效特性理论方程的近似解。

6.2　瓦斯扩散时效特性模型中瓦斯扩散系数的求解

　　第4、5章的研究结果表明，颗粒煤瓦斯扩散时效特性与瓦斯解吸时间、解吸温度、吸附平衡压力等因素均有关系，且瓦斯扩散系数 D 与吸附平衡压力 p 呈 $D(p) = A_1 + A_2 p$ 的线性关系，与环境温度 T 也趋于 $D(T) = B_1 + B_2 T$ 的线性关系，与解吸时间 t 符合 $D(t) = D_0/(bt+1)$ 的关系。通过5.4节和6.1节的研究，建立了颗粒煤瓦斯扩散时效特性理论方程，并求取了近似解。下面以JLS煤样实验数据为例，对颗粒煤瓦斯扩散时效特性模型中的瓦斯扩散系数进行解算。

　　若要求取式(6-8)的解，须对其中的待定系数及常数进行计算，则需用对应的方程组来求解未知数。基于此，对JLS软煤煤样进行了相关实验，求取不同温度、不同吸附平衡压力条件下各参数的关系及值。实验过程中，采用粒径为 1~3 mm 的软煤煤样，分别进行了吸附平衡压力为 1.5 MPa、不同温度（分别设定为 0 ℃、10 ℃、20 ℃、30 ℃、40 ℃）条件下和温度为 20 ℃、不同吸附平衡压力（分别设定为 0.5 MPa、0.74 MPa、1.5 MPa、2.5 MPa、3.5 MPa）条件下的模拟实验，具体情况分述如下。

6.2.1　温度为 20 ℃、不同吸附平衡压力条件下的相关实验及分析

　　通过对温度为 20 ℃、不同吸附平衡压力条件下的 JLS 软煤煤样瓦斯解吸模拟实验，绘制了不同吸附平衡压力条件下的瓦斯解吸量和解吸速度变化图及 $\ln(1 - Q_t/Q_\infty)\text{-}t$ 的关系图，分别如图 6-1 至图 6-3 所示。

　　根据图 6-1 至图 6-3，计算并绘制了不同时刻各吸附平衡压力条件下的瓦斯扩散系数变

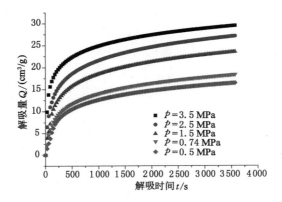

图 6-1 不同吸附平衡压力条件下瓦斯解吸量变化图

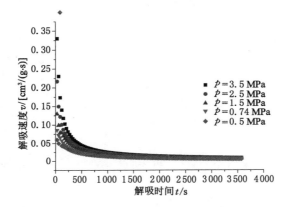

图 6-2 不同吸附平衡压力条件下瓦斯解吸速度变化图

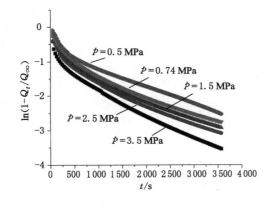

图 6-3 不同吸附平衡压力条件下瓦斯扩散规律图

化图,如图 6-4 所示。通过研究瓦斯扩散系数 $D(p)$ 与吸附平衡压力 p 之间的关系,得到了不同时刻的拟合公式、相关系数等参数,如表 6-1 所示。

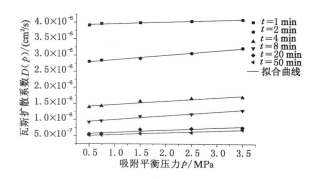

图 6-4　不同时刻瓦斯扩散系数 $D(p)$ 与吸附平衡压力 p 拟合关系图

表 6-1　不同时刻瓦斯扩散系数 $D(p)$ 与吸附平衡压力 p 拟合关系表

解吸时间 t/min	拟　合　公　式	相关系数 R
1	$D(p) = 3.912\,41 \times 10^{-6} + 5.468\,51 \times 10^{-8} p$	0.975
2	$D(p) = 2.732\,51 \times 10^{-6} + 1.381\,55 \times 10^{-7} p$	0.970
4	$D(p) = 1.365\,38 \times 10^{-6} + 1.090\,51 \times 10^{-7} p$	0.949
8	$D(p) = 8.875\,26 \times 10^{-7} + 1.201\,80 \times 10^{-7} p$	0.985
20	$D(p) = 5.392\,80 \times 10^{-7} + 7.112\,13 \times 10^{-8} p$	0.927
50	$D(p) = 4.816\,63 \times 10^{-7} + 5.934\,60 \times 10^{-8} p$	0.980

　　从表 6-1 可以看出,不同时刻(1 min、2 min、4 min、8 min、20 min、50 min)的颗粒煤瓦斯扩散系数与吸附平衡压力之间具有良好的线性关系[$D(p) = A_1 + A_2 p$](A_1、A_2 为待定系数),相关系数均在 0.9 以上。

　　在上述实验的基础上,考察了不同吸附平衡压力下的颗粒煤瓦斯扩散系数 $D(t)$ 与解吸时间 t 的关系,绘制了 $D(t)$-t 散点图,如图 6-5 所示。并对不同吸附平衡压力条件下瓦斯扩散系数 $D(t)$ 随解吸时间 t 的变化规律进行了拟合,拟合结果见表 6-2。

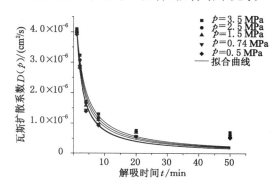

图 6-5　不同吸附平衡压力下瓦斯扩散系数 $D(t)$ 与解吸时间 t 拟合关系图

表 6-2　不同吸附平衡压力条件下瓦斯扩散系数 $D(t)$ 与解吸时间 t 拟合关系表

吸附平衡压力 p/MPa	拟合公式	相关系数 R
3.5	$D(t) = 6.120\,20 \times 10^{-6}/(0.491\,63t + 1)$	0.970
2.5	$D(t) = 6.319\,81 \times 10^{-6}/(0.562\,31t + 1)$	0.980
1.5	$D(t) = 6.561\,13 \times 10^{-6}/(0.647\,67t + 1)$	0.980
0.74	$D(t) = 7.386\,26 \times 10^{-6}/(0.852\,70t + 1)$	0.985
0.5	$D(t) = 7.452\,77 \times 10^{-6}/(0.890\,83t + 1)$	0.985

从表 6-2 可以看出，不同吸附平衡压力条件下颗粒煤瓦斯扩散系数 $D(t)$ 与解吸时间 t 之间遵循 $D(t) = D_0/(bt + 1)$ 的关系，相关系数均在 0.9 以上。

6.2.2　吸附平衡压力为 1.5 MPa、不同温度条件下的相关实验及分析

通过对吸附平衡压力为 1.5 MPa、不同温度条件下的 JLS 软煤煤样瓦斯解吸模拟实验，绘制了不同温度条件下的瓦斯解吸量和解吸速度变化图及 $\ln(1 - Q_t/Q_\infty)$-t 的关系图，分别如图 6-6 至图 6-8 所示。

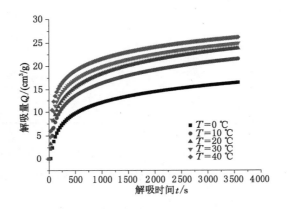

图 6-6　不同温度条件下瓦斯解吸量变化图

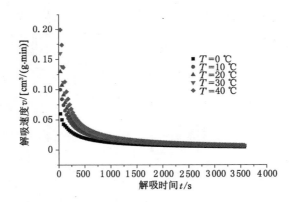

图 6-7　不同温度条件下瓦斯解吸速度变化图

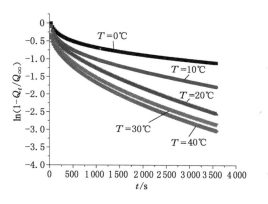

图 6-8　不同温度条件下瓦斯扩散规律图

根据图 6-6 至图 6-8,计算并绘制了不同时刻瓦斯扩散系数 $D(T)$ 随温度 T 的变化图,如图 6-9 所示。通过研究瓦斯扩散系数 $D(T)$ 与温度 T 之间的关系,得到了不同时刻的拟合公式,如表 6-3 所示。

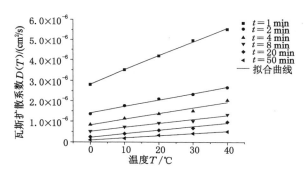

图 6-9　不同时刻瓦斯扩散系数 $D(T)$ 与温度 T 拟合关系图

表 6-3　不同时刻瓦斯扩散系数 $D(T)$ 与温度 T 拟合关系表

解吸时间/min	拟 合 公 式	相关系数 R
1	$D(T) = 2.820\ 51 \times 10^{-6} + 6.924\ 07 \times 10^{-8} T$	0.998
2	$D(T) = 1.408\ 33 \times 10^{-6} + 3.209\ 45 \times 10^{-8} T$	0.994
4	$D(T) = 8.221\ 26 \times 10^{-7} + 2.797\ 98 \times 10^{-8} T$	0.970
8	$D(T) = 5.158\ 96 \times 10^{-7} + 1.926\ 66 \times 10^{-8} T$	0.983
20	$D(T) = 2.304\ 73 \times 10^{-7} + 1.712\ 06 \times 10^{-8} T$	0.980
50	$D(T) = 9.818\ 36 \times 10^{-8} + 1.043\ 66 \times 10^{-8} T$	0.992

从表 6-3 可以看出,不同时刻(1 min、2 min、4 min、8 min、20 min、50 min)的颗粒煤瓦斯扩散系数 $D(T)$ 与温度 T 之间具有良好的线性关系[$D(T) = B_1 + B_2 T$](B_1、B_2 为待定系数),相关系数均在 0.9 以上。

在上述实验的基础上,考察了不同温度下的颗粒煤瓦斯扩散系数 $D(t)$ 与解吸时间 t 的关系,绘制了 $D(t)$-t 关系图,如图 6-10 所示。并对不同温度条件下瓦斯扩散系数 $D(t)$ 随解吸时间 t 的变化情况进行了拟合,拟合结果见表 6-4。

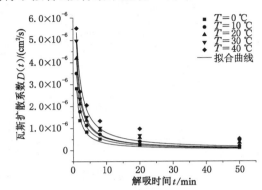

图 6-10　不同温度条件下瓦斯扩散系数 $D(t)$ 与解吸时间 t 拟合关系图

表 6-4　不同温度条件下瓦斯扩散系数 $D(t)$ 与解吸时间 t 拟合关系表

温度/℃	拟 合 公 式	相关系数 R
0	$D(t) = 1.993\,04 \times 10^{-5}/(6.173\,20t + 1)$	0.984
10	$D(t) = 1.367\,45 \times 10^{-5}/(2.960\,94t + 1)$	0.980
20	$D(t) = 1.439\,88 \times 10^{-5}/(2.504\,56t + 1)$	0.973
30	$D(t) = 2.735\,24 \times 10^{-5}/(4.590\,76t + 1)$	0.970
40	$D(t) = 1.421\,55 \times 10^{-5}/(1.661\,04t + 1)$	0.957

从表 6-4 可以看出,不同温度条件下颗粒煤瓦斯扩散系数 $D(t)$ 与解吸时间 t 之间也遵循 $D(t) = D_0/(bt + 1)$ 的关系,相关系数均在 0.9 以上。

6.2.3　瓦斯扩散时效特性模型中瓦斯扩散系数的解算

通过前述实验,确立了颗粒煤瓦斯扩散系数与吸附平衡压力、温度、解吸时间之间的关系式,为求取颗粒煤瓦斯扩散时效特性模型中瓦斯扩散系数的解,需要对温度、吸附平衡压力及解吸时间进行耦合。通过对实验数据的分析及耦合,得到了颗粒煤瓦斯扩散时效特性模型中不同条件下瓦斯扩散系数的解为:

$$D(t) = \frac{C_1(A_1 + A_2 p)(B_1 + B_2 T)}{C_2(A_1 + A_2 p)(B_1 + B_2 T)t + 1} \tag{6-9}$$

式中　$A_1, A_2, B_1, B_2, C_1, C_2$——待定系数;

　　　p——吸附平衡压力,MPa;

　　　T——温度,℃;

　　　t——解吸时间,s。

式(6-9)为颗粒煤瓦斯扩散时效特性模型中不同条件下瓦斯扩散系数的通解。

将本节相关实验数据代入式(6-9),可得到 JLS 软煤煤样瓦斯扩散时效特性模型中瓦斯扩散系数的特解：

$$D(t) = \frac{1.0 \times 10^5 \times (1.9 \times 10^{-5} - 1.86 \times 10^{-7} T) \times (7.522 \times 10^{-6} - 4.22 \times 10^{-7} p)}{0.5 \times (5.857 - 0.119T) \times (0.944\,6 - 0.142p)t + 1}$$

(6-10)

该特解对 JLS 煤样温度在 $0 \sim 40\ ℃$、吸附平衡压力在 $0.5 \sim 3.5\ \text{MPa}$ 的条件均适用。

6.3   瓦斯扩散时效特性模型的实验验证

为检验所建立的颗粒煤瓦斯扩散时效特性模型的准确性和稳定性，须对其进行验证。验证采用实验验证的方法进行。实验验证所用煤样仍为 JLS 粒径为 $1 \sim 3\ \text{mm}$ 的干燥煤样，通过改变瓦斯解吸条件，进行理论计算值与实测值对比验证，实验方法及所采用仪器与第 3 章的相同。

6.3.1   煤样瓦斯解吸量的验证

验证条件设定为吸附平衡压力为 $0.74\ \text{MPa}$（温度为 $25\ ℃$、$35\ ℃$）、$1.5\ \text{MPa}$（温度为 $25\ ℃$、$35\ ℃$）及 $3\ \text{MPa}$（温度为 $15\ ℃$、$25\ ℃$）。在此基础上测定了煤样不同时刻的瓦斯解吸量。同时，根据本书所建立的瓦斯扩散时效特性模型计算出不同时刻的瓦斯解吸量。根据实测值与理论计算值，绘制了不同条件下瓦斯解吸量与解吸时间的关系曲线，如图 6-11 所示。

从图 6-11 可以看出，煤样瓦斯解吸量实测值与理论计算值比较吻合，尤其是在煤样暴露前 20 min 内吻合度比较高，在煤样瓦斯解吸的后期及吸附平衡压力比较大时，实测值与理论计算值出现了一定偏差，但总体误差均小于 15%。分析误差产生的原因，主要是：① 求解瓦斯扩散时效特性模型近似解的相关参数与实验实测含量所用参数存在一定的差异；② 在求解瓦斯扩散时效特性模型时，绝大部分的实验数据是在瓦斯吸附平衡压力小于 $3\ \text{MPa}$ 条件下获得的，这对瓦斯含量理论计算值的精度有一定的影响。

6.3.2   瓦斯扩散系数的验证

根据实验实测值，计算了不同时刻的瓦斯扩散系数；同时，采用颗粒煤瓦斯扩散时效特性模型计算了理论瓦斯扩散系数。两者的对比如图 6-12 所示。

从图 6-12 可以看出，不同条件下颗粒煤瓦斯扩散系数的实测值与理论计算值总体上具有非常高的吻合度。

6.3.3   瓦斯扩散时效特性模型的适用条件

颗粒煤瓦斯扩散时效特性模型在构建的过程中，主要基于软煤煤样的实验数据。软煤与硬煤之间的物性差异，会导致该模型用于计算硬煤时有一定的误差。

根据实验验证的结果可以看出，瓦斯扩散时效特性模型理论计算值与实测值间会有一定的误差，主要是建立该模型用煤样与实测瓦斯含量煤样的参数不同所致。所以，要提高瓦斯扩散时效特性模型的理论计算精度，在模型解算及扩散系数计算时采用的参数应尽量接近煤层实际情况。

综上所述，颗粒煤瓦斯扩散时效特性模型与实际情况较为吻合，满足生产要求，可提高瓦斯含量测值精度。

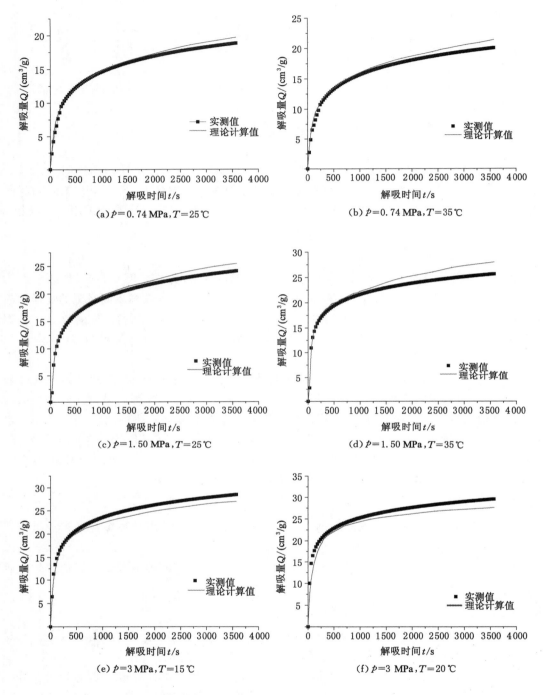

图 6-11　瓦斯解吸量与解吸时间关系的理论与实验结果对比图

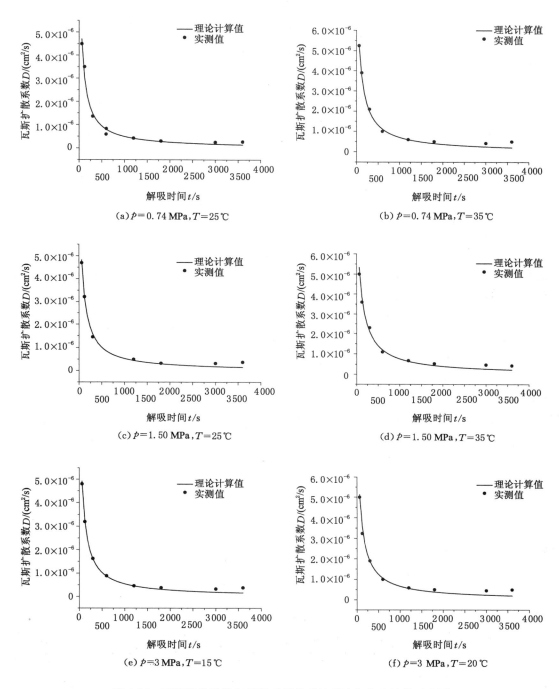

图 6-12 瓦斯扩散系数与解吸时间关系的理论与实验结果对比图

7　现场应用与效果考察

7.1　实验矿井概况

7.1.1　地理位置与交通

九里山煤矿隶属河南焦煤能源有限公司,位于焦作市东 18 km,地理坐标为:东经 $113°23'\sim113°26'$,北纬 $39°17'\sim39°21'$,行政区属焦作市管辖。矿井东西走向长约 5.5 km,南北倾向宽约 3.4 km,总面积为 18.60 km²。井田西起 11 勘探线与演马庄矿相邻,东以北碑村断层为界与古汉山井田相连,北起煤层隐伏露头,南抵西仓上断层。

7.1.2　地质构造

焦作煤田位于昆仑—秦岭构造带北支北缘,祁吕贺山字形构造前弧东翼与新华夏系第三隆起带——太行山背斜的复合部位。

自印支旋回以来,该矿区经历了多次构造运动形成了目前的构造格局。区内断裂密布,主要发育有北东向、近东西向和北西向 3 组高角度正断层。其中,北东向断层最为发育,在矿区西部密度大,多呈地垒、地堑构造,在矿区东部多呈阶梯状构造;近东西向断层规模大,切割北东向断层;北西向断层数量很少,主要发育在矿区东北部,切割北东向断层。

区域地层走向北东-北北东,倾向南东,倾角平缓,褶皱不发育,沿倾向及走向有宽缓的波状起伏。与区域构造规律相一致,井田内发育有北东向、北西向和近东西向 3 组高角度正断层。井田整体为一走向北偏东 40°,倾向南东的单斜构造。地层倾角平缓,为 $10°\sim15°$。井田构造以断裂为主,褶曲不发育,局部受断裂影响形成小的褶曲。

井田内大、中型断层有 2 组,均为高角度正断层,一组为北东-北东东向的马坊泉断层,另一组为北西向的方庄断层和北碑村断层,后者切割前者。

总体而言,九里山井田构造为中等构造类型。

7.1.3　煤层赋存

井田内主要含煤地层为石炭系上统太原组和二叠系下统山西组,主要含煤地层总厚为 158.96 m,煤层总厚为 7.67 m,含煤系数为 4.83%。石炭系太原组赋存有一$_2$煤、一$_3$煤、一$_4$煤、一$_5$煤、一$_6$煤、一$_7$煤共 6 层煤。其中,一$_2$煤普遍发育,层位较稳定,结构简单,为大部分可采煤层;一$_5$煤较发育,层位较稳定,但煤层普遍较薄,不可采;其他煤层薄,层位不稳定或极不稳定,多以薄煤层、煤线或碳质泥岩出现。二叠系山西组赋存有二$_1$煤和二$_3$煤共 2 层煤。其中,二$_1$煤普遍发育,层位稳定,结构简单,为主要可采煤层。

井田内主要可采煤层特征如下:

(1)一$_2$煤:一$_2$煤位于太原组底部,顶板为 L$_2$石灰岩或泥岩、砂质泥岩,底板为本溪组铝质泥岩,局部为砂质泥岩,层位较稳定。煤厚 0.50～2.42 m,平均 1.44 m。原煤水分含量为 0.47%～2.67%,平均为 1.39%,灰分含量为 12.43%～33.07%,平均为 23.40%,挥发分含量为 6.37%～11.97%,平均 9.54%,全硫含量为 2.25%～5.55%,平均为 3.64%,发热量为 31.05 MJ/kg,为中灰、中高硫、高热值的无烟煤二号。

（2）二$_1$煤:二$_1$煤位于山西组下部,距太原组上部灰岩段硅质泥岩或 L$_8$ 石灰岩 15.65～35.24 m,平均 20.01 m;煤层普遍发育、厚度大、结构简单、层位稳定,是井田内主要可采煤层。煤厚 0～12.93 m,平均 5.44 m。顶板以砂质泥岩、泥岩为主;底板多为砂质泥岩和粉砂岩,局部为灰、灰黑色细砂岩。原煤水分含量为 0.14%～3.21%,平均为 1.20%,灰分含量为 7.16%～32.32%,平均为 14.31%,挥发分含量为 5.55%～10.64%,平均为 6.43%,全硫含量为 0.24%～0.42%,平均为 0.30%,发热量为 27.52 MJ/kg,为中低灰、特低硫、高热值的无烟煤三号。

7.1.4　开拓与开采

九里山煤矿于 1970 年 7 月开始建井,设计生产能力为 0.90 Mt/a,1983 年 4 月投产,开采山西组二$_1$煤层。矿井开拓方式为立井双水平上下山开拓。九里山煤矿共布置 8 个井筒,其中,主、副井和西风井进风,东风井、南风井回风。

矿井一水平大巷标高－225 m,一水平布置 3 条大巷,分别为轨道运输大巷、胶带运输大巷和流水大巷。3 条大巷全部布置在煤层顶板中,与煤层法向间距 10～15 m,为一水平所有采区提供通风、运输、行人服务。采区上(下)山为 3 条相互平行的顶板岩巷,与煤层法向间距 8～15 m,其中,轨道上(下)山和运输上(下)山进风,回风上(下)山专用于回风。在矿井上部煤层露头附近布置 1 条总回风大巷,贯穿矿井东、西两翼;为了满足通风需要在矿井西翼专门补掘了 1 条辅助回风巷,并通过风井联络巷与风井相连,用于矿井回风。

矿井二水平大巷标高－450 m,二水平布置 2 条大巷,分别为轨道运输大巷和胶带运输大巷。2 条大巷全部布置在煤层顶板中,与煤层法向间距 10～15 m。16 采区下山为 4 条互相平行的顶板岩巷,分别为 16 采区轨道下山、16 采区胶带下山、16 采区回风下山和 16 采区辅助回风下山。

7.1.5　通风与瓦斯情况

（1）矿井通风情况

矿井通风方式为中央并列与对角混合式,通风方法为机械抽出式。矿井共有 3 个进风井,分别为主井、副井、西风井;2 个回风井,分别为东风井、南风井。矿井总进风量为 15 991 m³/min,总回风量为 16 374 m³/min。

（2）矿井瓦斯情况

九里山煤矿为煤与瓦斯突出矿井。瓦斯分布以马坊泉断层为界,西北盘瓦斯含量较小,东南盘瓦斯含量较大。井田内煤层瓦斯含量为 15.15～33.19 m³/t,瓦斯压力为 0.76～2.08 MPa,透气性系数为 0.2～0.457 m²/(MPa² · d)。矿井各生产采区瓦斯基本参数如表 7-1 所示。

表 7-1　各生产采区瓦斯基本参数

采　区	瓦斯含量/(m³/t)	瓦斯压力/MPa
14	15.15～19.22	0.76
15	31.00～33.19	1.30～1.74
16	20.34～29.22	1.74～2.08

7.2　实验地点概况

选择在九里山煤矿 16 采区 16031 工作面回风巷进行现场测试。16031 工作面位于 16 采区东翼,设计总长度 400 m。工作面上部 150 m 为马坊泉断层。

16031 工作面所采二₁煤厚度为 2.8～6.2 m,倾角平均为 12.2°,煤体结构普遍为强烈破坏煤,中部发育 1 层软煤,软煤厚度为 0.5～1.2 m。该工作面直接顶为粉砂岩,基本顶为砂岩。煤层瓦斯基本参数实测结果如表 7-2 所示。

表 7-2　实验地点瓦斯基本参数实测成果表

瓦斯压力 /MPa	吸附常数		瓦斯放散初速度/mmHg	煤层透气性系数 /[m²/(MPa·d)]	工业分析结果		
	a/(m³/t)	b/MPa⁻¹			水分含量/%	灰分含量/%	挥发分含量/%
1.82	38.892 7	0.881	27	0.052 6	1.55	8.68	11.95

注:1 mmHg＝133 Pa。

7.3　瓦斯含量测试对比

7.3.1　现场测试方法

为验证基于变扩散系数的颗粒煤瓦斯扩散时效特性模型、考察瓦斯漏失量补偿方法的合理性,笔者所在的项目组在九里山煤矿 16031 工作面回风巷进行了现场瓦斯含量测定;根据现场测定数据,采用《煤层瓦斯含量井下直接测定方法》(GB/T 23250—2009)规定的办法对瓦斯漏失量进行了计算,得到了 $\sqrt{t}$ 推算方法下的瓦斯含量。在现场采用的直接法测定煤层瓦斯含量的具体方法与步骤如下:

(1) 在新暴露的采掘工作面煤壁上,用煤电钻垂直煤壁打一个 ϕ42 mm 的钻孔。当钻孔钻到预定位置时开始取样,并记录采样开始时间 t_1。

(2) 将采集的新鲜煤样装罐并记录煤样装罐后开始进行解吸测定的时间 t_2,用瓦斯解吸速度测定仪(见图 7-1)测定不同时间 t 下的煤样累计瓦斯解吸量 Q,解吸测定停止后拧紧煤样罐以保证不漏气,送实验室测定煤样残存瓦斯量。

(3) 瓦斯损失量计算。瓦斯损失量计算选用 $\sqrt{t}$ 法,根据煤样开始暴露一段时间内 Q 与 $\sqrt{t_0+t}$ 呈直线的关系确定,即

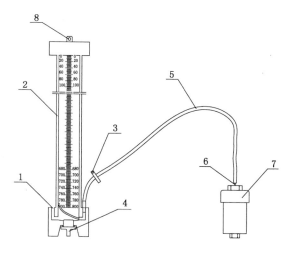

1—排水口;2—量管;3—弹簧夹;4—底塞;5—排气管;6—穿刺针头或阀门;7—煤样罐;8—吊环。

图 7-1 瓦斯解吸速度测定仪示意图

$$Q = K\sqrt{t_0 + t}Q_损' \tag{7-1}$$

式中 Q ——t 时间内的累计瓦斯解吸量,cm³;

$\quad\quad Q_损'$ ——暴露时间 t_0 内的瓦斯损失量,cm³;

$\quad\quad K$ ——待定系数。

设煤样解吸测定前暴露时间为 $t_0(t_0 = t_2 - t_1)$,不同时间 t 下测得的 Q 值所对应的解吸时间为 $t_0 + t$。以 $\sqrt{t_0 + t}$ 为横坐标,Q 为纵坐标绘图,由所绘图形判定呈线性关系的各测点,根据各测点的坐标值,按最小二乘法或作图法求出瓦斯损失量,如图 7-2 所示。

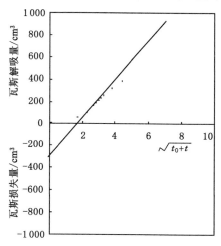

图 7-2 煤屑瓦斯解吸量 Q 与解吸时间 t 的回归曲线

(4)将进行解吸测定后的煤样送实验室测定其残存瓦斯量、水分含量和灰分含量等。

将井下自然解吸瓦斯量和两次脱气气体体积分别换算成标准状态下的体积:

$$V_1' = \frac{273.2}{101.3 \times (273.2 + T_w)} \times (p_1 - 0.009\,81h_w - p_2) \times V_t \qquad (7\text{-}2)$$

式中　V_1'——换算为标准状态下的气体体积，cm^3；

　　　V_t——t 时刻量管内气体体积，cm^3；

　　　p_1——大气压力，kPa；

　　　T_w——量管内水温，℃；

　　　h_w——量管内水柱高度，mm；

　　　p_2——T_w 时水的饱和蒸汽压，KPa。

$$V_{T_n}' = \frac{273.2}{101.3 \times (273.2 + T_n)} \times (p_1 - 0.016\,7T_0 - p_2) \times V_{T_n} \qquad (7\text{-}3)$$

式中　V_{T_n}'——换算为标准状态下的气体体积，cm^3；

　　　T_n——实验室温度，℃；

　　　p_1——大气压力，kPa；

　　　T_0——气压计温度，℃。

　　　p_2——在室温 T_n 下饱和食盐水的饱和蒸汽压，kPa；

　　　V_{T_n}——在室温 T_n，大气压力 p_1 条件下，量管内的气体体积，cm^3。

　　将各阶段含空气瓦斯体积按式(7-4)换算成无空气瓦斯体积：

$$V_i'' = \frac{V_i'[100 - 4.57c(O_2)]}{100} \qquad (7\text{-}4)$$

式中　V_i''——扣除空气后标准状态下的各阶段瓦斯体积($i=1,2,3,4$)，cm^3；

　　　V_i'——扣除空气前标准状态下的各阶段瓦斯体积($i=1,2,3,4$)，cm^3；

　　　$c(O_2)$——O_2 的浓度，％。

　　将各阶段瓦斯体积按式(7-5)计算：

$$V_i = \frac{V_i'' \times c(CH_4)}{100} \qquad (7\text{-}5)$$

式中　V_i——标准状态下的各阶段瓦斯体积($i=1,2,3,4$)，cm^3；

　　　$c(CH_4)$——瓦斯成分中 CH_4 的浓度，％。

　　(5) 根据换算成标准状态下的煤样井下瓦斯解吸量、瓦斯损失量、瓦斯残存量(粉碎前瓦斯量和粉碎后瓦斯量)和煤的质量，可求出煤样的瓦斯含量：

$$W = (V_1 + V_2 + V_3 + V_4)/m \qquad (7\text{-}6)$$

式中　V_1——井下瓦斯解吸量，cm^3；

　　　V_2——瓦斯损失量，cm^3；

　　　V_3——粉碎前瓦斯量，cm^3；

　　　V_4——粉碎后瓦斯量，cm^3；

　　　m——煤样质量，g；

　　　W——煤样瓦斯含量，cm^3/g。

7.3.2　测试结果

(1) 现场解吸

在 16031 工作面距开切眼 300 m 处，采用孔口取样、现场直接测定的方法，对所取得的煤样进行现场解吸。煤样瓦斯解吸量数据散点图如图 7-3 所示。

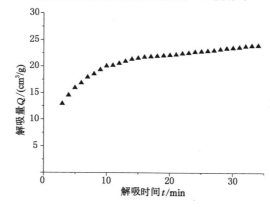

图 7-3 煤样瓦斯解吸量数据散点图

从图 7-3 可以看出,煤样的前期解吸速度较快,后期解吸速度逐渐衰减,总体上符合颗粒煤瓦斯扩散时效特性的特点。

(2)实验室验证

采用现场采集的煤样,在实验室进行实验验证。验证过程中,根据实验地点实测的煤层瓦斯压力、吸附常数等相关参数,反算煤层瓦斯含量。经过反算,得到实验地点煤层瓦斯含量为 27.62 m³/t。

(3)$\sqrt{t}$ 法计算值

利用《煤层瓦斯含量井下直接测定方法》(GB/T 23250—2009)规定的方法,对实测的数据近似直线部分进行了拟合,得出瓦斯解吸量 Q 与 $\sqrt{t}$ 之间遵循 $Q=6.076\ 5\sqrt{t}-0.446\ 7$ 的规律,拟合曲线如图 7-4 所示。据此计算得到漏失瓦斯量为 0.446 7 cm³/g。

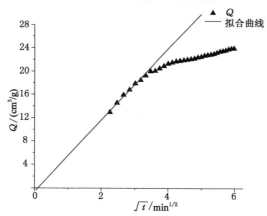

图 7-4 瓦斯解吸量数据散点图和拟合曲线

根据现场实测数据,采用 $\sqrt{t}$ 法对定扩散系数条件下的瓦斯解吸过程进行模拟,得到的煤样瓦斯解吸过程如图 7-5 所示。根据实验室煤样粉碎前后的瓦斯解吸量并据此计算得到实验地点煤层原始瓦斯含量为 34.13 m³/t。

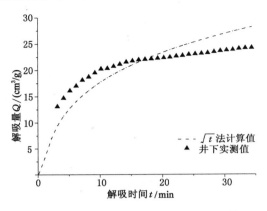

图 7-5　定扩散系数条件下的瓦斯解吸过程模拟图

从图 7-5 可以看出：在煤样瓦斯解吸前期（前 15 min 左右），现场解吸数据与 $\sqrt{t}$ 法定扩散系数条件下的瓦斯解吸过程较为接近；但在解吸后期，现场测定数据与 $\sqrt{t}$ 法计算值之间的误差越来越大。究其原因，主要是在解吸后期，颗粒煤瓦斯扩散速度快速衰减（瓦斯放散速度减小）；而采用 $\sqrt{t}$ 法解算瓦斯解吸过程时，采用定扩散系数对解吸过程进行计算和模拟，即采用前期得到的较大扩散系数，从而使得用 $\sqrt{t}$ 法计算得到的煤层瓦斯含量与实测值存在较大误差。

（4）瓦斯扩散时效特性模型验证

为了验证新构建的变扩散系数条件下瓦斯漏失量补偿模型的可靠性，以现场解吸数据为基础，计算煤样瓦斯含量，模拟解吸过程，并将现场实测数据 $\sqrt{t}$ 法计算值与新构建模型的模拟结果进行对比，对比结果如图 7-6 所示。根据新构建模型计算的漏失瓦斯量，得到变扩散系数条件下煤样瓦斯含量为 31.15 $\mathrm{m^3/t}$。

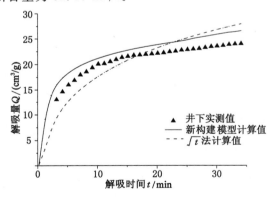

图 7-6　瓦斯解吸量实测值与理论计算值对比图

从图 7-6 可以看出，瓦斯解吸量实测值与新构建模型理论计算值总体趋势保持一致，在瓦斯解吸的前 20 min，两者具有较高的拟合度，之后出现了一定的偏差。

对所采集煤样在实验室测定残存瓦斯量，从而得到实测瓦斯含量为 27.62 $\mathrm{m^3/t}$；利用新构建模型理论计算得到的瓦斯含量为 31.15 $\mathrm{m^3/t}$，与实测值偏差为 12.8%；利用 $\sqrt{t}$ 法推算得到的瓦斯含量为 34.13 m³/t,与实测值偏差为 23.6%。对比新构建模型的计算值与 $\sqrt{t}$ 法计算值,新构建模型无论是在整体解吸趋势上还是在瓦斯解吸量方面,均与实测结果更为接近。

7.4 瓦斯扩散时效特性模型的现场应用与效果考察

九里山煤矿所开采的二₁煤为突出煤层,防突工作压力巨大。由于条件所限,只能利用瓦斯抽采的方法进行防突。现阶段,矿井采用的瓦斯抽采方法主要有:底板穿层钻孔抽采、顶板穿层钻孔抽采、沿空留巷区段预抽、沿空送巷区段预抽、本煤层顺层钻孔条带预抽、本煤层顺层钻孔区段预抽和井上下联合抽采。

由于九里山煤矿二₁煤透气性较差,且采用 $\sqrt{t}$ 法推算的煤层原始瓦斯含量较高,按照规定和企业的要求,在采取区域预抽的前提下,在本煤层施工密集顺层孔强化消突。九里山煤矿根据二₁煤条件和推算的瓦斯含量数据,设计顺层抽采钻孔孔间距为 1 m,抽采时间为 12 个月。这就使得钻孔工程量非常大,且抽采时间较长,加剧了矿井"抽-掘-采"失调状况。

为了确定九里山煤矿二₁煤真实的瓦斯含量,采用新构建的模型进行了模拟计算,由新构建的模型得到的瓦斯含量较 $\sqrt{t}$ 法小 2.98 m³/t,更接近煤层真实瓦斯含量。根据新构建模型计算得到的煤层瓦斯含量,对顺层抽采钻孔进行了重新设计,即钻孔孔间距由原来的 1 m 变更为 1.2 m;根据合理预抽期计算结果,将原来的抽采时间由 12 个月调整为 10 个月。这就使得顺层钻孔的钻孔工程量减少 15% 以上,预抽期提前 2 个月,且满足了工作面消突和按时投产的要求。

参 考 文 献

[1] 安士凯,桑树勋,李仰民,等.沁水盆地南部高煤级煤储层孔隙分形特征[J].中国煤炭地质,2011,23(2):17-21.

[2] 曹成润,牛伟,张遂安,等.煤层气在煤储层中的扩散及其影响因素[J].世界地质,2004,23(3):266-269.

[3] 曹树刚,李勇,郭平,等.型煤与原煤全应力-应变过程渗流特性对比研究[J].岩石力学与工程学报,2010,29(5):899-906.

[4] 曹垚林.高压吸附下的瓦斯放散初速度研究[J].煤矿安全,2004,35(9):4-6.

[5] 陈富勇,琚宜文,李小诗,等.构造煤中煤层气扩散-渗流特征及其机理[J].地学前缘,2010,17(1):195-201.

[6] 陈向军,程远平,王林.外加水分对煤中瓦斯解吸抑制作用试验研究[J].采矿与安全工程学报,2013,30(2):296-301.

[7] 陈向军,贾东旭,王林.煤解吸瓦斯的影响因素研究[J].煤炭科学技术,2013,41(6):50-53,79.

[8] 陈向军,刘军,王林,等.不同变质程度煤的孔径分布及其对吸附常数的影响[J].煤炭学报,2013,38(2):294-300.

[9] 程根银,陈绍杰,马玉姣.温度对平衡水分煤样吸附常数影响的实验研究[J].自然科学进展,2009,19(11):1218-1220.

[10] 程庆迎,黄炳香,李增华.煤的孔隙和裂隙研究现状[J].煤炭工程,2011(12):91-93.

[11] 迟雷雷,王启飞,李菲茵,等.煤的瓦斯解吸扩散规律实验研究[J].煤矿安全,2013,44(12):1-3,10.

[12] 杜玉娥.煤的孔隙特征对煤层气解吸的影响[D].西安:西安科技大学,2010.

[13] 渡边伊温.北海道煤的瓦斯解吸特性及瓦斯突出性指标[J].煤矿安全,1985(7):47-55,46.

[14] 段康廉,冯增朝,赵阳升,等.低渗透煤层钻孔与水力割缝瓦斯排放的实验研究[J].煤炭学报,2002,27(1):50-53.

[15] 段三明,聂百胜.煤层瓦斯扩散—渗流规律的初步研究[J].太原理工大学学报,1998,29(4):413-416,421.

[16] 范俊佳,琚宜文,侯泉林,等.不同变质变形煤储层孔隙特征与煤层气可采性[J].地学前缘,2010,17(5):325-335.

[17] 冯增朝,赵东,赵阳升.块煤含水率对其吸附性影响的试验研究[J].岩石力学与工程学报,2009,28(增2):3291-3295.

[18] 傅雪海,秦勇,张万红,等.基于煤层气运移的煤孔隙分形分类及自然分类研究[J].科

学通报,2005,50(增刊Ⅰ):51-55.

[19] 富向,王魁军,杨宏伟,等.煤粒瓦斯放散规律数学模型的应用[J].煤矿安全,2006(12):
    1-3.

[20] 富向,王魁军,杨天鸿.构造煤的瓦斯放散特征[J].煤炭学报,2008,33(7):775-779.

[21] 郭红玉,苏现波.煤层注水抑制瓦斯涌出机理研究[J].煤炭学报,2010,35(6):
    928-931.

[22] 郭立稳,蒋承林.煤与瓦斯突出过程中影响温度变化的因素分析[J].煤炭学报,2000,
    25(4):401-403.

[23] 郭立稳,俞启香,蒋承林,等.煤与瓦斯突出过程中温度变化的实验研究[J].岩石力学
    与工程学报,2000,19(3):366-368.

[24] 郭立稳,俞启香,王凯.煤吸附瓦斯过程温度变化的试验研究[J].中国矿业大学学报,
    2000,29(3):287-289.

[25] 郭立稳,肖藏岩,刘永新.煤孔隙结构对煤层中 CO 扩散的影响[J].中国矿业大学学
    报,2007,36(5):636-640.

[26] 郭勇义,吴世跃,王跃明,等.煤粒瓦斯扩散及扩散系数测定方法的研究[J].山西矿业
    学院学报,1997,15(1):15-19,31.

[27] 国家煤矿安全监察局.煤与瓦斯突出矿井鉴定规范:AQ 1024—2006[S].北京:煤炭工
    业出版社,2006.

[28] 韩颖,张飞燕,余伟凡,等.煤屑瓦斯全程扩散规律的实验研究[J].煤炭学报,2011,
    36(10):1699-1703.

[29] 郝琦.煤的显微孔隙形态特征及其成因探讨[J].煤炭学报,1987(4):51-56.

[30] 何满潮,王春光,李德建,等.单轴应力-温度作用下煤中吸附瓦斯解吸特征[J].岩石力
    学与工程学报,2010,29(5):865-872.

[31] 何学秋.含瓦斯煤岩流变动力学[M].徐州:中国矿业大学出版社,1995.

[32] 何学秋.交变电磁场对煤吸附瓦斯特性的影响[J].煤炭学报,1996,21(1):63-67.

[33] 何学秋,聂百胜.孔隙气体在煤层中扩散的机理[J].中国矿业大学学报,2001,30(1):
    1-4.

[34] 侯泉林,李会军,范俊佳,等.构造煤结构与煤层气赋存研究进展[J].中国科学:地球科
    学,2012,42(10):1487-1495.

[35] 胡赓祥,蔡珣,戎咏华.材料科学基础[M].3 版.上海:上海交通大学出版社,2010.

[36] 胡素明,胥珍珍,任维娜,等.对煤储层基质解吸气扩散理论的再探讨[J].断块油气田,
    2012,19(6):771-774.

[37] 黄丹,夏大平,徐涛,等.水分和粒度对煤吸附甲烷性能的实验研究[J].中国煤炭地质,
    2013,25(7):22-25.

[38] 霍永忠.煤储层的气体解吸特性研究[J].天然气工业,2004,24(5):24-26,3.

[39] 贾晓亮,崔洪庆.煤层瓦斯含量测定方法及误差分析[J].煤矿开采,2009,14(2):
    91-93,43.

[40] 江丙友,林柏泉,吴海进,等.煤岩超微孔隙结构特征及其分形规律研究[J].湖南科技
    大学学报(自然科学版),2010,25(3):15-18,28.

[41] 姜波,琚宜文.构造煤结构及其储层物性特征[J].天然气工业,2004,24(5):27-29.

[42] 姜耀东,赵毅鑫,宋彦琦.放炮震动诱发煤矿巷道动力失稳机理分析[J].岩石力学与工程学报,2005,24(17):3131-3136.

[43] 姜永东,熊令,阳兴洋,等.声场促进煤中甲烷解吸的机理研究[J].煤炭学报,2010,35(10):1649-1653.

[44] 焦作矿业学院瓦斯地质研究室.瓦斯地质概论[M].北京:煤炭工业出版社,1990.

[45] 琚宜文,姜波,侯泉林,等.华北南部构造煤纳米级孔隙结构演化特征及作用机理[J].地质学报,2005,79(2):269-285.

[46] 琚宜文,李小诗.构造煤超微结构研究新进展[J].自然科学进展,2009,19(2):131-140.

[47] 李宏.环境温度对颗粒煤瓦斯解吸规律的影响实验研究[D].焦作:河南理工大学,2011.

[48] 李景明,刘飞,王红岩,等.煤储集层解吸特征及其影响因素[J].石油勘探与开发,2008,35(1):52-58.

[49] 李前贵,康毅力,罗平亚.煤层甲烷解吸—扩散—渗流过程的影响因素分析[J].煤田地质与勘探,2003,31(4):26-29.

[50] 李强,欧成华,徐乐,等.我国煤岩储层孔—裂隙结构研究进展[J].煤,2008,17(7):1-3,29.

[51] 李树刚,赵勇,张天军,等.低频振动对煤样解吸特性的影响[J].岩石力学与工程学报,2010,29(增2):3562-3568.

[52] 李树刚,赵勇,张天军.基于低频振动的煤样吸附/解吸特性测试系统[J].煤炭学报,2010,35(7):1142-1146.

[53] 李相臣,康毅力.煤层气储层微观结构特征及研究方法进展[J].中国煤层气,2010,7(2):13-17.

[54] 李祥春,聂百胜,何学秋.振动诱发煤与瓦斯突出的机理[J].北京科技大学学报,2011,33(2):149-152.

[55] 李晓泉,尹光志.不同性质煤的微观特性及渗透特性对比试验研究[J].岩石力学与工程学报,2011,30(3):500-508.

[56] 李一波,郑万成,王凤双.煤样粒径对煤吸附常数及瓦斯放散初速度的影响[J].煤矿安全,2013,44(1):5-8.

[57] 李育辉,崔永君,钟玲文,等.煤基质中甲烷扩散动力学特性研究[J].煤田地质与勘探,2005,33(6):31-34.

[58] 李云波.构造煤瓦斯解吸初期特征实验研究[D].焦作:河南理工大学,2011.

[59] 李云波,张玉贵,张子敏,等.构造煤瓦斯解吸初期特征实验研究[J].煤炭学报,2013,38(1):15-20.

[60] 李志强.重庆沥鼻峡背斜煤层气富集成藏规律及有利区带预测研究[D].重庆:重庆大学,2008.

[61] 李志强,段振伟,景国勋.不同温度下煤粒瓦斯扩散特性试验研究与数值模拟[J].中国安全科学学报,2012,22(4):38-42.

[62] 李子文,林柏泉,郝志勇,等.煤体多孔介质孔隙度的分形特征研究[J].采矿与安全工程学报,2013,30(3):437-442.

[63] 梁冰,刘建军,王锦山.非等温情况下煤和瓦斯固流耦合作用的研究[J].辽宁工程技术大学学报(自然科学版),1999,18(5):483-486.

[64] 梁冰.温度对煤的瓦斯吸附性能影响的试验研究[J].黑龙江矿业学院学报,2000,10(1):20-22.

[65] 刘爱华,傅雪海,梁文庆,等.不同煤阶煤孔隙分布特征及其对煤层气开发的影响[J].煤炭科学技术,2013,41(4):104-108.

[66] 刘保县,鲜学福,王宏图,等.交变电场对煤瓦斯渗流特性的影响实验[J].重庆大学学报(自然科学版),2000,23(增刊):41-43.

[67] 刘保县,鲜学福,徐龙君,等.地球物理场对煤吸附瓦斯特性的影响[J].重庆大学学报(自然科学版),2000,23(5):78-81.

[68] 刘海涛,杨郦,林蔚.无机材料合成[M].2版.北京:化学工业出版社,2011.

[69] 刘军,王兆丰.煤变质程度对瓦斯放散初速度的影响[J].辽宁工程技术大学学报(自然科学版),2013,32(6):745-748.

[70] 刘明举,龙威成,刘彦伟.构造煤对突出的控制作用及其临界值的探讨[J].煤矿安全,2006,37(10):45-46,50.

[71] 刘延保,曹树刚,李勇,等.煤体吸附瓦斯膨胀变形效应的试验研究[J].岩石力学与工程学报,2010,29(12):2484-2491.

[72] 刘志勇,孙伟,周新刚.混凝土气体扩散系数测试方法理论研究[J].混凝土,2005(11):3-5,9.

[73] 柳晓莉.煤层瓦斯含量快速测定方法及应用研究[D].焦作:河南理工大学,2007.

[74] 卢德馨.大学物理学[M].2版.北京:高等教育出版社,2003.

[75] 马东民,韦波,蔡忠勇.煤层气解吸特征的实验研究[J].地质学报,2008,82(10):1432-1436.

[76] 牟俊惠,程远平,刘辉辉.注水煤瓦斯放散特性的研究[J].采矿与安全工程学报,2012,29(5):746-749.

[77] 聂百胜.煤粒瓦斯解吸扩散动力过程的实验研究[D].太原:太原理工大学,1998.

[78] 聂百胜,王恩元,郭勇义,等.煤粒瓦斯扩散的数学物理模型[J].辽宁工程技术大学学报(自然科学版),1999,18(6):582-585.

[79] 聂百胜,何学秋,王恩元.瓦斯气体在煤层中的扩散机理及模式[J].中国安全科学学报,2000,10(6):24-28.

[80] 聂百胜,何学秋,王恩元.瓦斯气体在煤孔隙中的扩散模式[J].矿业安全与环保,2000,27(5):14-17.

[81] 聂百胜,郭勇义,吴世跃,等.煤粒瓦斯扩散的理论模型及其解析解[J].中国矿业大学学报,2001,30(1):19-22.

[82] 聂百胜,何学秋,王恩元,等.煤吸附水的微观机理[J].中国矿业大学学报,2004,33(4):379-383.

[83] 聂百胜,杨涛,李祥春,等.煤粒瓦斯解吸扩散规律实验[J].中国矿业大学学报,2013,

42(6):975-981.

[84] 牛国庆,颜爱华,刘明举.煤吸附和解吸瓦斯过程中温度变化研究[J].煤炭科学技术, 2003,31(4):47-49.

[85] 牛国庆,颜爱华,刘明举.瓦斯吸附和解吸过程中温度变化实验研究[J].辽宁工程技术 大学学报,2003,22(2):155-157.

[86] 秦勇,袁亮,程远平.中国煤层气产业战略效益影响因素分析[J].科技导报,2012, 30(34):70-75.

[87] 秦玉金.地勘期间煤层瓦斯含量测定方法存在问题及对策分析[J].煤矿安全,2011, 42(8):144-146,161.

[88] 秦跃平,傅贵.煤孔隙分形特性及其吸水性能的研究[J].煤炭学报,2000,25(1): 55-59.

[89] 秦跃平,王翠霞,王健,等.煤粒瓦斯放散数学模型及数值解算[J].煤炭学报,2012, 37(9):1466-1471.

[90] 桑树勋,朱炎铭,张时音,等.煤吸附气体的固气作用机理(Ⅰ)——煤孔隙结构与固气 作用[J].天然气工业,2005,25(1):13-15.

[91] 桑树勋,朱炎铭,张井,等.煤吸附气体的固气作用机理(Ⅱ)——煤吸附气体的物理过 程与理论模型[J].天然气工业,2005,25(1):16-18,21.

[92] 桑树勋,朱炎铭,张井,等.液态水影响煤吸附甲烷的实验研究:以沁水盆地南部煤储层 为例[J].科学通报,2005,50(增刊1):70-75.

[93] 尚显光.瓦斯放散初速度影响因素实验研究[D].焦作:河南理工大学,2011.

[94] 石军太,李相方,徐兵祥,等.煤层气解吸扩散渗流模型研究进展[J].中国科学:物理 学 力学 天文学,2013,43(12):1548-1557.

[95] 司胜利.煤层气解吸扩散运移动力学[J].云南地质,2004,23(4):465-470.

[96] 苏现波,冯艳丽,陈江峰.煤中裂隙的分类[J].煤田地质与勘探,2002,30(4):21-24.

[97] 孙培德.瓦斯动力学模型的研究[J].煤田地质与勘探,1993,21(1):33-39.

[98] 孙培德,鲜学福,茹宝麒.煤层瓦斯渗流力学研究现状和展望[J].煤炭工程师, 1996(3):23-33.

[99] 唐书恒,蔡超,朱宝存,等.煤变质程度对煤储层物性的控制作用[J].天然气工业, 2008,28(12):1-5.

[100] 田智威.煤层气渗流理论及其研究进展[J].地质科技情报,2010,29(1):61-65.

[101] 王恩营,殷秋朝,李丰良.构造煤的研究现状与发展趋势[J].河南理工大学学报(自然 科学版),2008,27(3):278-281,293.

[102] 王恩营,刘明举,魏建平.构造煤成因-结构-构造分类新方案[J].煤炭学报,2009, 34(5):656-660.

[103] 王凯,俞启香.煤与瓦斯突出的非线性特征及预测模型[M].徐州:中国矿业大学出版 社,2005.

[104] 王克逸,汪景昌.与浓度相关的扩散系数计算——逼近法[J].物理学报,1989,38(8): 1329-1333.

[105] 王文峰,徐磊,傅雪海.应用分形理论研究煤孔隙结构[J].中国煤田地质,2002,

14(2):26-27,33.

[106] 王兆丰.空气、水和泥浆介质中煤的瓦斯解吸规律与应用研究[D].徐州:中国矿业大学,2001.

[107] 王兆丰,陈建忠,尹建国,等.潘三矿综合指标法预测突出及其临界值分析[J].煤炭科学技术,2010,38(1):31-33,62.

[108] 温志辉.构造煤瓦斯解吸规律的实验研究[D].焦作:河南理工大学,2008.

[109] 吴世跃.煤层气与煤层耦合运动理论及其应用的研究——具有吸附作用的气固耦合理论[D].沈阳:东北大学,2006.

[110] 肖晓春,潘一山,吕祥锋,等.超声激励低渗煤层甲烷增透机理[J].地球物理学报,2013,56(5):1726-1733.

[111] 肖知国.煤层注水抑制瓦斯解吸效应实验研究与应用[D].焦作:河南理工大学,2010.

[112] 谢晓佳,张瑜,易俊.煤层气渗流模型发展现状及其趋势[J].中国矿业,2008,17(10):79-81.

[113] 徐乐华,蒋承林.煤的挥发分与瓦斯放散初速度的关系研究[J].煤矿安全,2011,42(7):21-22,27.

[114] 徐龙君,鲜学福,刘成伦,等.恒电场作用下煤吸附甲烷特征的研究[J].煤炭转化,1999,22(4):68-70.

[115] 许广明,武强,张燕君.非平衡吸附模型在煤层气数值模拟中的应用[J].煤炭学报,2003,28(4):380-384.

[116] 许江,陆漆,吴鑫,等.不同颗粒粒径下型煤孔隙及发育程度分形特征[J].重庆大学学报,2011,34(9):81-89.

[117] 许江,袁梅,李波波,等.煤的变质程度、孔隙特征与渗透率关系的试验研究[J].岩石力学与工程学报,2012,31(4):681-687.

[118] 闫宝珍,王延斌,倪小明.地层条件下基于纳米级孔隙的煤层气扩散特征[J].煤炭学报,2008,33(6):657-660.

[119] 杨其銮,王佑安.煤屑瓦斯扩散理论及其应用[J].煤炭学报,1986(3):87-94.

[120] 杨其銮.煤屑瓦斯放散随时间变化规律的初步探讨[J].煤矿安全,1986(4):3-11.

[121] 杨其銮.煤屑瓦斯放散特性及其应用[J].煤矿安全,1987(5):1-6.

[122] 杨其銮,王佑安.瓦斯球向流动的数学模拟[J].中国矿业学院学报,1988(3):55-61.

[123] 杨威,罗德刚,林柏泉,等.煤对瓦斯吸附特征研究[J].煤炭技术,2011,30(1):3-5.

[124] 杨新乐,张永利,李成全,等.考虑温度影响下煤层气解吸渗流规律试验研究[J].岩土工程学报,2008,30(12):1811-1814.

[125] 姚有利,秦跃平,于海春.煤中瓦斯解吸渗透理论及实验研究[J].辽宁工程技术大学学报(自然科学版),2009,28(5):701-703.

[126] 叶欣,刘洪林,王勃,等.高低煤阶煤层气解吸机理差异性分析[J].天然气技术,2008,2(2):19-22.

[127] 易俊,姜永东,鲜学福.在交变电场声场作用下煤解吸吸附瓦斯特性分析[J].中国矿业,2005,14(5):70-73.

[128] 易俊,姜永东,鲜学福.应力场、温度场瓦斯渗流特性实验研究[J].中国矿业,2007,

16(5):113-116.

[129] 易俊,姜永东,鲜学福.煤层微孔中甲烷的简化双扩散数学模型[J].煤炭学报,2009,34(3):355-360.

[130] 于不凡.煤矿瓦斯灾害防治及利用技术手册[M].北京:煤炭工业出版社,2005.

[131] 袁军伟,王兆丰,杨宏民.变压力条件下水介质中煤芯瓦斯解吸理论方程探讨[J].煤炭工程,2010(1):75-76.

[132] 袁亮.松软低透煤层群瓦斯抽采理论与技术[M].北京:煤炭工业出版社,2004.

[133] 曾社教,马东民,王鹏刚.温度变化对煤层气解吸效果的影响[J].西安科技大学学报,2009,29(4):449-453.

[134] 张登峰,崔永君,李松庚,等.甲烷及二氧化碳在不同煤阶煤内部的吸附扩散行为[J].煤炭学报,2011,36(10):1693-1698.

[135] 张飞燕,韩颖.煤屑瓦斯扩散规律研究[J].煤炭学报,2013,38(9):1589-1596.

[136] 张广洋,胡耀华,姜德义.煤的瓦斯渗透性影响因素的探讨[J].重庆大学学报(自然科学版),1995,18(3):27-30.

[137] 张国华,梁冰,毕业武.水锁对含瓦斯煤体的瓦斯解吸的影响[J].煤炭学报,2012,37(2):253-258.

[138] 张国华,梁冰.渗透剂溶液侵入对瓦斯解吸速度影响实验研究[J].中国矿业大学学报,2012,41(2):200-204,218.

[139] 张洪良,王兆丰,陈向军.负压环境下煤的瓦斯解吸规律试验研究[J].河南理工大学学报(自然科学版),2011,30(6):634-637,641.

[140] 张慧,王晓刚,员争荣,等.煤中显微裂隙的成因类型及其研究意义[J].岩石矿物学杂志,2002,21(3):278-284.

[141] 张力,郭勇义,吴世跃.块煤瓦斯放散特性的实验研究[J].太原理工大学学报,2001,32(1):40-41,45.

[142] 张时音,桑树勋.液态水影响不同煤级煤吸附甲烷的差异及其机理[J].地质学报,2008,82(10):1350-1354.

[143] 张时音,桑树勋.不同煤级煤层气吸附扩散系数分析[J].中国煤炭地质,2009,21(3):24-27.

[144] 张时音,桑树勋,杨志刚.液态水对煤吸附甲烷影响的机理分析[J].中国矿业大学学报,2009,38(5):707-712.

[145] 张素新,肖红艳.煤储层中微孔隙和微裂隙的扫描电镜研究[J].电子显微学报,2000,19(4):531-532.

[146] 张小东,刘炎昊,桑树勋,等.高煤级煤储层条件下的气体扩散机制[J].中国矿业大学学报,2011,40(1):43-48.

[147] 张玉涛,王德明,仲晓星.煤孔隙分形特征及其随温度的变化规律[J].煤炭科学技术,2007,35(11):73-76.

[148] 张占存,马丕梁.水分对不同煤种瓦斯吸附特性影响的实验研究[J].煤炭学报,2008,33(2):144-147.

[149] 张志刚.煤粒中瓦斯时变扩散规律的解析研究[J].煤矿开采,2012,17(2):8-11.

[150] 赵东,冯增朝,赵阳升.高压注水对煤体瓦斯解吸特性影响的试验研究[J].岩石力学与工程学报,2011,30(3):547-555.

[151] 赵勇,李树刚,潘宏宇.低频振动对煤解吸吸附瓦斯特性分析[J].西安科技大学学报,2012,32(6):682-685,701.

[152] 赵志根,唐修义,张光明.较高温度下煤吸附甲烷实验及其意义[J].煤田地质与勘探,2001,29(4):29-31.

[153] 中国煤炭工业协会.煤的高压等温吸附试验方法:GB/T 19560—2008[S].北京:中国标准出版社,2008.

[154] 中国煤炭工业协会.地勘时期煤层瓦斯含量测定方法:GB/T 23249—2009[S].北京:中国标准出版社,2009.

[155] 中国煤炭工业协会.煤层瓦斯含量井下直接测定方法:GB/T 23250—2009[S].北京:中国标准出版社,2009.

[156] 钟玲文,郑玉柱,员争荣,等.煤在温度和压力综合影响下的吸附性能及气含量预测[J].煤炭学报,2002,27(6):581-585.

[157] 钟晓晖,朱令起,郭立稳,等.煤体破裂过程辐射温度场的研究[J].煤炭科学技术,2006,34(2):57-59.

[158] 周少华.焦作矿区不同破坏类型煤的瓦斯吸附特性研究[D].焦作:河南理工大学,2011.

[159] 周世宁,孙辑正.煤层瓦斯流动理论及其应用[J].煤炭学报,1965,2(1):24-37.

[160] 周世宁.瓦斯在煤层中流动的机理[J].煤炭学报,1990,15(1):15-24.

[161] 邹银辉,张庆华.我国煤矿井下煤层瓦斯含量直接测定法的技术进展[J].矿业安全与环保,2009,36(增刊):180-182.

[162] BARRER R M. Diffusion in and through solid[M]. Cambridge:Cambridge University Press,1951.

[163] HOUST Y F,WITTMANN F H. Influence of porosity and water content on the diffusivity of CO_2 and O_2 through hydrated cement paste[J]. Cement and concrete research,1994,24(6):1165-1176.

[164] JOUBERT J I,GREIN C T,BIENSTOCK D. Effect of moisture on the methane capacity of American coals[J]. Fuel,1974,53(3):186-191.

[165] KARACAN C Ö. An effective method for resolving spatial distribution of adsorption kinetics in heterogeneous porous media:application for carbon dioxide sequestration in coal[J]. Chemical engineering science,2003,58(20):4681-4693.

[166] SHI J Q,DURUCAN S. A bidisperse pore diffusion model for methane displacement desorption in coal by CO_2 injection[J]. Fuel,2003,82(10):1219-1229.